I0482006

# IMPRESSUM

Autor:          Klaus Welzenbach

Herausgeber:    Competence Center IT-Qualification GmbH

                Mardostraße 2

                86690 Mertingen

                www.cciq.de

Facebook:       https://www.facebook.com/CCIQKlaus/

Datum:          16. Januar 2018, Version 4

# INHALT

# 1 Einführung

## 1.1 Ein paar Worte zum Autor

Mein Name ist Klaus Welzenbach und ich beschäftige mich seit mittlerweile über 18 Jahren mit dem Thema „Effizient und erfolgreich mit Outlook". Begonnen habe ich mit dem Thema mit reinen technischen Outlook-Schulungen. Mittlerweile habe ich durch viele persönliche (Lebens-) Erfahrungen und Persönlichkeits-Seminare erkannt, dass Outlook weit mehr ist als nur ein Mail- und Kalender-Programm, sondern ein perfekter Personal Information Manager, der wesentlich zu einem erfolgreichen UND erfüllten Leben beitragen kann.

So benutze ich den Satz „Ich habe keine Zeit" nicht mehr, weil es schlichtweg nicht stimmt, sondern allenfalls heißen sollte: „Ich will mir keine Zeit nehmen!

Und schon sind wir mitten im Thema!!!

## 1.2 „Ich habe keine Zeit!"

Diesen Satz haben Sie sicherlich auch schon genauso oft gehört (oder gar selbst gesagt) wie ich. Ich behaupte, dass die Menschen in 90% der Fälle eher meinen, „ich will mir keine Zeit nehmen". Jeder Mensch hat 24 Stunden am Tag zur Verfügung, also 168 h in der Woche. Machen Sie sich doch einfach mal ein Zeitprotokoll über eine Woche (am besten über mehrere Wochen) und Sie werden feststellen, wo Ihre Zeitfresser liegen bzw. wieviel Zeit Sie „noch übrig" haben.

Seneca sagte einst:

**„Es ist nicht wenig Zeit, was wir haben, sondern es ist viel Zeit, die wir nicht nutzen!"**

Schauen wir uns doch einmal eine Woche an, was macht der Mensch mit seinen 168 Stunden:

| Aktivität | Stunden |
| --- | --- |
| **Schlafen (damit dieser erholsam ist)** | 49 |
| **Arbeiten** | 40 |
| **Fahrten Wohnung Arbeitsstätte** | 10 |
| **Sport** | 5 |
| **Familie/Beziehung** | 15 |
| **Hobby** | 10 |
| **Haushalt** | 7 |
| **Hygiene** | 10 |
| **Unvorgesehenes** | 10 |
| Summe | **156** |

Da fehlen jetzt immer noch 12 Stunden, also fast 2 Stunden täglich. Verstehen Sie, warum ich den Satz „Ich habe keine Zeit!" nicht akzeptieren mag? Es ist aber OK, wenn jemand zu mir sagt „Ich will mir keine Zeit dafür nehmen!"

Ich möchte Ihnen mit diesem Buch bzw. Seminar die Möglichkeit geben, ca. 30 Minuten täglich einzusparen, es liegt allerdings in Ihrer eigenen Verantwortung, wieviel Sie davon umsetzen. Dass es möglich ist, haben mir schon viele hundert Menschen in den letzten 18 Jahren bestätigt.

## 1.3 Outlook Version

Dieses Buch wurde auf Basis von MS Office Outlook 2013 erstellt

## 1.4 Konventionen in diesem Dokument

Im Text erkennen Sie bestimmte Programmelemente an der Formatierung. So werden beispielsweise Menüpunkte immer in GROSSBUCHSTABEN geschrieben.

| | |
|---|---|
| KAPITÄLCHEN | kennzeichnen alle vom Programm vorgegebenen Bezeichnungen für Schaltflächen, Dialogfenster, Symbolleisten etc. |
| GROSSBUCHSTABEN | verweisen auf Menüs bzw. Menüpunkte (z. B. DATEI - SCHLIESSEN). |
| *Kursivschrift* | kennzeichnet Internetadressen, vom Benutzer angelegte Namen (z. B. Rechner-, Domänen-, Benutzernamen) sowie Objektnamen (z. B. Druckernamen). |

## 1.5 Symbole

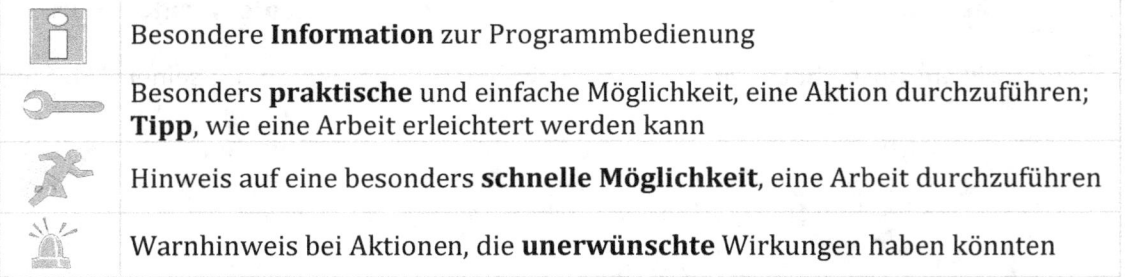

| | |
|---|---|
| | Besondere **Information** zur Programmbedienung |
| | Besonders **praktische** und einfache Möglichkeit, eine Aktion durchzuführen; **Tipp**, wie eine Arbeit erleichtert werden kann |
| | Hinweis auf eine besonders **schnelle Möglichkeit**, eine Arbeit durchzuführen |
| | Warnhinweis bei Aktionen, die **unerwünschte** Wirkungen haben könnten |

## 1.6 Notizen

Nach jedem Kapitel finden Sie eine leere Seite, wo Sie sich zum jeweiligen Kapitel individuelle Notizen machen können. Des Weiteren notieren Sie sich auf dieser Seite, was Sie konkret in den nächsten 72 Stunden umsetzen werden.

# 2 Die Zeit – unser kostbarstes Gut

Die uns zur Verfügung stehende Zeit weist im Gegensatz zu anderen Ressourcen einige besondere Eigenschaften auf, die sie zu unserem kostbarsten Gut machen, denn schließlich ist unsere Zeit unser Leben. Und davon hat jeder nur eins!

Was sind diese besonderen Eigenschaften?

1. Zeit kann nicht vermehrt werden
2. Sie verrinnt kontinuierlich und unwiederbringlich
3. Sie kann nicht gespart bzw. gehäuft werden

Deshalb muss unsere Zeit effektiv und effizient geplant und investiert werden. Was heißt das konkret?

# Die richtigen Dinge richtig tun!

Die „richtigen Dingen tun" heißt auch effektiv arbeiten. Welches die richtigen Dinge sind, leitet sich aus unserer Zielplanung (Kapitel 4.3 und 4.4) ab. Diese richtig zu tun, hängt von unserer Fachkompetenz und zu einem wesentlichen Anteil davon ab, wie sehr wir uns auf die Aufgaben/Ziele konzentrieren können. „Richtig zu tun" bedeutet somit effizient zu arbeiten. Die Ablenkungsmanöver haben verschiedene Namen: Störfaktoren, Zeitfresser, Zeitdiebe, negative Affirmationen, u.v.m.

## 2.1 Die häufigsten Zeitdiebe

- Telefon
- Erinnerungen an Mails, Aufgaben, Termine oder von Social Media-Programmen (Facebook und Co)
- Mail Flut
- Unstrukturiertes Arbeiten
- Kollegen und Führungskräfte
- Mehrere Dinge zeitgleich tun/beginnen
- Zu wenig Delegation
- Nicht NEIN sagen können
- Unpünktlichkeit
- Ineffiziente oder überflüssige Besprechungen
- Zu viele Kommunikationswege
- Falsche oder fehlende Priorisierung

Nach dem Telefon haben sich mittlerweile die Erinnerungen an neue Nachrichten (Kapitel 8.1) bzw. das Abarbeiten/Bearbeiten des Mail-Posteinganges (Kapitel 4.1) zu den größten Zeitdieben gemausert.

Zitat Napoleon:

**„Es gibt Diebe, die nicht bestraft werden und dem Menschen doch das Kostbarste stehlen: Die Zeit!"**

Zeitdiebe verlängern die Bearbeitungszeit von Vorgängen erheblich, dies nennt man Sägezahneffekt:

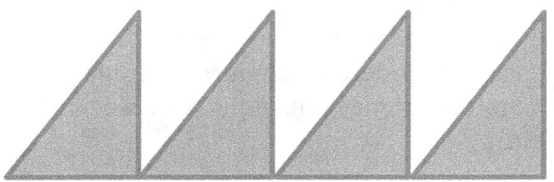 Sie konzentrieren sich gerade darauf, ein Angebot für einen Kunden zu erstellen. Plötzlich ruft ein Kollege an und fragt nach einem Protokoll. Nach der Störung arbeiten Sie sich wieder in das Thema ein und kaum ist die Konzentration wieder auf dem Höhepunkt kommt die nächste Störung. Ihre Chefin braucht dringend für ein Meeting eine Controlling-Datei. Durch die ständigen Störungen verlängert sich die Bearbeitungszeit eines Vorganges erheblich.

## 2.2 Zeitdiebe reduzieren oder eliminieren

### 2.2.1 Telefon

Vielleicht können Sie nicht alle Tipps umsetzen, aber Sie werden sicherlich die eine oder andere Anregung finden!

- Vereinbaren Sie in Ihrer organisatorischen Einheit/Firma Zeiten, zu denen Sie erreichbar sind. Außerhalb dieser Zeiten sammelt eine Mailbox/Telefonzentrale alle eingehenden Anrufe. Diese können Sie in einem Block (Effizienz!!!) abarbeiten.
- Diskutieren Sie mit Ihren Kollegen den Einsatz von komplett telefonfreien Zeiten. Hört sich erstmal völlig realitätsfern an, funktioniert aber ganz gut.
- Schalten Sie Ihr privates Handy während der Arbeitszeit ab oder auf stumm.
- Vereinbaren Sie mit Ihren Kollegen einen internen Telefondienst: Mal nimmt der Eine die eingehenden Anrufe entgegen, mal der Andere.
- Signalisieren Sie höflich, aber dennoch verbindlich, dass Sie kaum/wenig Zeit für manche Telefonate haben.
- Nicht gehetzt oder gestresst ans Telefon gehen, Ihr Anrufer spürt Ihre Unruhe. Gerade gegenüber Kunden wirkt das wenig professionell.
- Stellen Sie das Klingeln Ihres Telefons auf eine angenehme Lautstärke. Ein allzu lautes Klingeln nervt.
- Stellen Sie Handy auf lautlos und/oder nehmen keine Telefonate an und rufen aber zurück, wenn Sie sich dafür Zeit nehmen können und wollen.

### 2.2.2 Richtig NEIN sagen

Aus Angst vor Ablehnung sagt der Mensch ungern „Nein". Dies entpuppt sich häufig als kontraproduktiv und als Teufelskreislauf, weil zu viele Aufgaben zu Versäumnissen führen, die wiederum die Angst vor Ablehnung fördern.

Ein authentisches, ehrliches Nein mit einer kurzen Erklärung warum, ist absolut legitim und steigert Ihren Wert. Kommt Ihre Führungskraft mit einem „dringenden Auftrag" zu Ihnen, können Sie schlecht Nein sagen, aber stellen Sie Ihren Chef/Chefin vor die Wahl, was Sie zuerst tun sollen! Damit ist die Führungskraft zumindest in der Verantwortung, was Sie zuerst tun.

### 2.2.3 Ineffiziente Besprechungen

Empfinden Sie Besprechungen als ineffizient, liegt es häufig am fehlenden Moderator oder auch an der fehlenden Dokumentation (Protokoll), an der Unpünktlichkeit oder auch an einer fehlenden Tagesordnung. Unpünktlichkeit eliminieren Sie am einfachsten über Strafen (z.B. Protokoll schreiben im nächsten Meeting, 5 Euro in die Teamkasse, Spende, etc.). Priorisieren Sie die Themenreihenfolge und laden Sie nur wirklich notwendige Teilnehmer ein.

Wichtigste Regel in der heutigen Zeit: Alle Handys liegen beim Moderator, zumindest nicht auf dem Tisch und sind selbstverständlich stumm/lautlos, auch keine Vibration!

### 2.2.4 Zu viele Kommunikationswege

Neben Telefon, Fax und vor allen Dingen E-Mail haben sich viele Instant Messaging-Programme als zusätzliche Kommunikationswege „etabliert". Hier sind aber zu viele Hunde des Hasen Tod! Verständigen Sie sich in Ihrer OrgEinheit/Firma auf einige Wege, die Sie nutzen wollen. Manchmal ist es einfach besser, miteinander zu reden!

Überlegen Sie beim Einsatz von E-Mail, ob der CC/bCC-Mailempfänger wirklich sein muss oder ob der Verteiler nicht reduziert werden kann oder ob die Information in einem Team-Medium (Share-Point, Intranet, öffentlicher Ordner, etc.) nicht besser aufgehoben wäre als im Posteingang vieler Kollegen.

Achten Sie auch auf Medienwechsel in der Kommunikation und die daraus resultierenden geänderten Antwortzeiten. Beispiel: Ein Fax, das in Outlook empfangen wird, muss schneller bearbeitet werden als eine eingegangene Mail.

## 2.3 Moderne Risiken

„Wer heute keine Zeit für seine Gesundheit hat, wird später viel Zeit für seine Krankheiten brauchen." (Kneipp)

### 2.3.1 Burn Out

Noch vor nicht allzu langer Zeit (als es noch keine Handys und kein E-Mail gab) geschah die Abgrenzung zwischen Beruf und Freizeit, zwischen Anspannung und Entspannung automatisch: Das Telefonkabel war ca. 5m lang und so konnte das Telefon nicht mitgenommen werden und jegliche Korrespondenz lag in Papierform vor und konnte nur in begrenztem Maße in einem Aktenkoffer mit nach Hause genommen werden.

Leider hat sich der Mensch evolutionär nicht mit dem technischen Trend weiterentwickelt, ist nach wie vor nicht Multitaskingfähig, aber die Technik ist mittlerweile allgegenwärtig: Anrufe, Mails, Chats, Internet und vieles mehr, alles auf einem Gerät!!

Während früher die Technik selbst abschaltete, muss dies der Mensch heute selbst tun! Hierbei sind viele überfordert und haben mittlerweile sogar Angst, etwas zu verpassen. Ständige Erreichbarkeit führt zu Dauerbelastung, fehlende Entspannung und damit zu Stress, der Teufelskreislauf beginnt und endet in einer neuen Krankheit, dem Burn-Out!

Der Burn-Out gliedert sich in drei Phasen:

In der **ersten** Phase führt diese Dauerbelastung zu Schwäche, Kraftlosigkeit, Müdigkeit und Antriebsschwäche und die Menschen sind leicht reizbar. Diese Stress-Dimension sorgt oft für schlaflose Nächte, die wiederum die Belastbarkeit reduzieren, Phase **zwei** tritt ein: Gleichgültigkeit und Zynismus gegenüber dem Umfeld führen zu einer De-Personalisierung. Dadurch distanziert sich der Betroffene von den Problemen. In der **dritten** Phase erlebt der Mensch nur noch den Misserfolg, sieht keine Erfolge mehr bzw. macht sich diese nicht mehr bewusst. Das Empfinden, trotz Überbelastung den täglichen Aufgaben nicht gewachsen zu sein, führt in einen Teufelskreislauf.

Neuesten Studien zufolge ist Übergewicht ein häufiger Grund für das Auslösen eines Burn-Outs. Ursachen hierfür sind falsche Ernährung, unbewusstes Essen (sh. Kapitel coffee to go) und zu wenig Ernährung.

Was können wir dagegen tun?

Hier seien nur vorbeugende Maßnahmen erwähnt, bei beginnendem Burn-Out ist unbedingt medizinische Unterstützung von Nöten!!

1. Gesundes und bewusstes Ernähren und auf das Gewicht achten
2. Ausgewogenes Verhältnis von Anspannung und Entspannung (Freizeit aktiv planen und gestalten), **aktives** Zeitmanagement statt **Re-agieren**
3. Erfolge bewusstmachen (erledigte Aufgaben in Outlook anschauen, Siegerbuch führen und lesen, Danke-Liste schreiben, sh. Kapitel 2.4)
4. Fremdsteuerung reduzieren (z.B. Mails nur noch max. dreimal am Tag lesen, Tür im Büro schließen, Handy ausschalten/lautlos schalten)
5. Alle Erinnerungen abschalten, egal ob Facebook, WhatsApp oder Outlook
6. Ziele visualisieren und stets vor Augen halten
7. Positive Gedanken beim Einschlafen und Aufwachen

### 2.3.2 Coffee to go

Begegnen Sie auch immer wieder Menschen, die einen coffee to go in der einen Hand und das Smartphone in der anderen halten. Oder in der U-Bahn frühstücken? Oder während dem Essen noch Zeitung lesen?

Oder gehören Sie gar zu diesen Menschen?

Das Aufnehmen von Nahrung ist ein wichtiger, lebensnotwendiger Vorgang. Wir sind uns einig, dass wir - ohne zu essen - sterben werden, oder? Somit liefert uns unsere Nahrung die Energie, um unsere Leistung zu erbringen!!! Unser Gehirn ist ein richtiger Energiefresser, obwohl es nur 2% unseres Gewichtes ausmacht, benötigt es 20% der Energie! Damit die Energie nach der Nahrungsaufnahme an Ort und Stelle kommt, benötigen wir den Kreislauf, der die Glukose ins Hirn schafft. Die Glukosespeicher im Körper sind so gering, dass bereits nach wenigen Minuten Leistungseinschränkungen bis zur Bewusstlosigkeit (bei kompletter Unterbrechung der Versorgung) eintreten.

Warum schenken wir dieser wichtigen Tätigkeit so wenig Aufmerksamkeit? Das unbewusste Essen sorgt dafür, dass Sie nicht wissen, wieviel Kalorien bzw. Flüssigkeit Sie bereits zu sich genommen haben. Dadurch kann Ihr Körper sehr schnell aus dem Gleichgewicht geraten. Dehydration ist eine der häufigsten Ursachen für Konzentrationsstörungen!

Deshalb nehmen Sie sich Zeit für bewusstes und gesundes Essen!

### 2.3.3 Mangelnde Bewegung

Unser Kreislauf sorgt dafür, dass die über die Nahrung aufgenommene Energie ins Gehirn kommt. Somit muss ich neben bewusstem Essen auch dafür sorgen, dass mein Kreislauf gut funktioniert. Leider sitzen wir heutzutage Zuviel (bis zu 12 Stunden) und wir haben unseren Körper evolutionär noch nicht an diese Veränderungen angepasst, wie auch, wenn wir nur alle 30 Jahre eine neue Generation in die Welt setzen! Der effektivste Kreislaufhelfer ist die Bewegung. Das heißt jetzt nicht, dass Sie jede Woche einen Marathon machen müssen, es sind die kleinen, täglichen Maßnahmen, die Sie auch schon fit halten:

- ✓ Holen Sie sich Ihren Kaffee immer in der Kaffeeküche, nicht die Kanne an den Tisch stellen.
- ✓ Benutzen Sie keine Aufzüge, nehmen Sie die Treppe
- ✓ Senden Sie hausintern keine Mails, sondern gehen Sie zum KollegIn und sprechen Sie auch mal wieder...
- ✓ Beim Fernsehen Dehnübungen machen
- ✓ Benutzen Sie einen Steh/Sitz-Schreibtisch
- ✓ Gehen Sie in die Sauna
- ✓ Gehen Sie täglich spazieren
- ✓ Benutzen Sie das Fahrrad für kleine Einkäufe

Natürlich sorgt sportliche Bewegung für einen noch besseren Kreislauf, Ausgleich und bessere Balance, weshalb Sie einen Sport finden sollten, der Ihnen Spaß macht und Sie ihn deshalb regelmäßig betreiben. Ihr Kreislauf und Stoffwechsel dankt es Ihnen!

 **Stimmen Sie Ihre Aktivitäten bitte mit Ihrem Arzt ab!**

### 2.3.4   Unstrukturiertes Arbeiten

Wir benutzen in der heutigen Zeit die verschiedensten Medien, um unsere Arbeit zu erledigen: Schriftliche Kommunikation fand früher ausschließlich auf Papier statt. Heute benutzen wir neben dem Papier auch Computer (E-Mail), Smartphones, Tablets. Dadurch erhöht sich die Gefahr des sequentiellen Arbeitens, was sehr ineffizient ist.

Deshalb ist es heutzutage umso wichtiger, „artverwandte" Tätigkeiten in Blöcken zu erledigen: Definieren Sie Zeitfenster, wo Sie Ihre Telefonate erledigen, E-Mails schreiben, Messaging-Systeme checken, Internet-Recherchen, Ablage etc. machen.

## 2.4   Erfolge bewusst machen

# Nicht geschimpft ist gelobt genug!!

Wir werden zu 95% von unserem Unterbewusstsein gesteuert und Erfolge lösen Glücksgefühle aus, motivieren zu weiteren Taten und steigern das Selbstbewusstsein und das Selbstvertrauen.

In vielen Unternehmen gibt es zwar leistungsabhängige Vergütungskomponenten, deren Höhe aber häufig von anderen Komponenten abhängig sind, die Sie nicht beeinflussen bzw. zu verantworten haben (es sei denn, Sie sind selbständig und alleine in Ihrem „Unternehmen").

Auch mit dem Warten auf das Lob von Führungskräften oder Kollegen, machen Sie sich von externen Einflüssen abhängig.

Deshalb ist es umso wichtiger, dass **Sie** sich **IHRE** Erfolge, die Sie bereits erzielt haben, bewusst machen und zwar immer wieder (auch dann oder gerade dann, wenn Sie mal demotiviert sind!!).

1. Die einfachste Form geht über Outlook, Sie schauen sich ganz einfach die erledigten Aufgaben an! Definieren Sie sich verschiedene Ansichten über die Aufgaben, die Sie diese Woche, diesen Monat oder dieses Jahr bereits erledigt haben.
2. Führen Sie ein Erfolgstagebuch!
Schreiben Sie jeden Tag ein Erfolgserlebnis in Ihr Tagebuch, ganz egal, ob Sie dies in Papier oder elektronischer Form führen. Ich bevorzuge die elektronische Variante und benutze die App „Diaro" auf meinem Smartphone. Das habe ich immer dabei und kann mal schnell einen Eintrag machen. Das müssen nicht immer die großen Dinge des Lebens sein, genügt manchmal auch reinzuschreiben. „Heute mal wieder das Auto gesaugt!"
3. Machen Sie sich eine DANKE-Liste!
Schreiben Sie sich auf, wofür Sie in Ihrem Leben alles dankbar sind bzw. sein können. Sie werden so feststellen, dass es Ihnen eigentlich sehr gut geht. Unser Unterbewusstsein lässt sich leichter mit Bildern ansprechen, was spricht also dagegen, das Ganze als Bildcollage zu machen?
4. Zählen Sie vor dem Schlafen gehen Ihre Tageserfolge auf, am besten laut aufsagen, so dass auch Ihr Unterbewusstsein mithören muss. Es heißt zwar Eigenlob stinkt, das ist aber eine furchtbare, antiquierte negative Affirmation!! Solange Sie nicht arrogant werden und Ihren Mitmenschen immer die entsprechende Wertschätzung und Achtung entgegenbringen, wird niemand Ihr Eigenlob als unangenehm empfinden.

**Tue Gutes und rede darüber, am besten erst mal mit Dir selbst!**

## 2.5 Denke nicht an den Eisbären!

Nicht immer sind es die Eisbären, an die wir denken, aber leider beschäftigen uns allzu häufig negative Gedanken! Was passiert, wenn Sie versuchen, nicht daran zu denken? Genau! Sie denken erst recht daran!!
Wenn Sie stets negative Gedanken haben, erteilen Sie Ihrem Unterbewusstsein den Auftrag, dafür zu sorgen, dass diese auch eintreten. Sicherlich dürfen Sie Ihre Probleme nicht grundsätzlich verdrängen, aber diese distanziert und lösungsorientiert angehen, ist die bessere Alternative.

Achten Sie vor allem am Abend bzw. vorm Schlafengehen darauf, keine Nachrichten mehr zu hören (oder zu sehen), weil die Negativnachrichten überwiegen. Auch Krimi-/Horrorfilme sind schlechte Botschaften für unser Unterbewusstsein (es kann nicht zwischen Realität und Fiktion unterscheiden) und damit schlechte Begleiter auf dem Weg ins Reich der Träume.

Hüten Sie sich auch vor den Shitstorms der „SocialMedias", hier werden fast ausschließlich nur eigene Meinungen aufgrund eigener Erfahrungen kommuniziert, das hat aber nichts mit Ihrer „Welt" zu tun.

## 2.6 Mobile Endgeräte

Heutzutage werden sowohl im privaten als auch im geschäftlichen Umfeld sehr häufig mobile Endgeräte wie Smartphones oder Tablets zur Kommunikation eingesetzt. Dies birgt auch einige Risiken. Die Geräte sind mittlerweile dauernd im „Netz" und online. Hierbei „buhlen" viele Apps um die Gunst des Nutzers, indem sie visuelle und akustische Erinnerungen verwenden. Sie verstärken somit den oben beschriebenen Sägezahn-Effekt.

 Schalten Sie auch hier alle (akustisch wie optisch) Erinnerungen aus (sh. Kapitel 8.1)!!

Dienstliche Smartphones sind in vielen Unternehmen jederzeit „erreichbar". Dadurch entsteht das Risiko, dass die Entspannungsphasen für den Nutzer zu kurz werden (z.B. geschäftliche Mails werden am Abend gelesen und beantwortet), eine notwendige Regeneration ist nicht mehr möglich, die Leistungsfähigkeit lässt nach.

 Schalten Sie Ihr Diensthandy spätestens am Abend auf lautlos.

Auch in Meetings haben mobile Geräte eine immer höhere Präsenz, die kontraproduktiv wird, weil sich die Teilnehmer immer wieder ablenken lassen und deshalb im Meeting nicht effizient mitarbeiten können.

 Im Meeting alle mobilen Endgeräte in den Flugmodus schalten! Funktioniert dies nicht, kommen alle Geräte in ein „Körbchen" beim Moderator.

**Was war mir wichtig?**
**Was setze ich in den nächsten 72 Stunden konkret um?**

_____

_____

_____

_____

_____

_____

_____

_____

_____

_____

_____

_____

_____

_____

_____

_____

# 3 Der Regelassistent

Neben dem SPAM-Filter Ihres Providers oder der IT Ihres Unternehmens hilft Ihnen der Regelassistent von Outlook Ihre Post vorzusortieren, Wichtiges von Unwichtigem zu trennen, zu priorisieren oder auch zu löschen. Deshalb sollten Sie den Regelassistenten einsetzen, um Ihre Mails vor der manuellen Bearbeitung durch Sie selbst zu prüfen:

1. Befinden sich noch SPAM-Mails im Posteingang?
2. Blockieren große Mails eventuell Ihre Handlungsfähigkeit, weil Sie eine limitierte Postfachgröße haben (nur bei Einsatz Microsoft Exchange)?
3. Wollen Sie Mails bestimmter Personen hervorheben (z.B. die wichtiger Kunden)?
4. Wollen Sie Mails bestimmter Personen gleich löschen (z.B. Empfang Mails aufgrund nicht aktualisierter Verteiler)?
5. Wollen Sie Mails hervorheben, wo ein Medienwechsel stattgefunden hat (z.B. Rückruf-Ersuchen eines Kunden sendet ein Kollege per Mail)
6. Wollen Sie Newsletter automatisch ablegen?
7. Wie wichtig sind Ihre CC-Mails wirklich?
8. Wollen Sie E-Mails kategorisieren, um die Ordnerstruktur zu reduzieren?
9. Sie wollen alle Mails mit eventuellen Ausnahmen automatisch archivieren?
10. Trennung von internem und externem Maileingang

Sie erkennen, es gibt viele Einsatzmöglichkeiten für den Regelassistenten, um Ihnen wertvolle Zeit zurückzugeben. Sie sollten also mindestens 5 Regeln (siehe oben) im Einsatz haben, um keine Zeit zu verschwenden.

Um eine Regel zu erstellen, gibt es zwei Möglichkeiten:

1. Sie haben bereits eine Mail im Posteingang stehen, dann genügt ein Rechtsklick auf die Mail
2. Sie benutzen das Register START, Gruppe VERSCHIEBEN, um eine Regel zu erstellen.

## 3.1 Anlegen einer Regel aufgrund bereits vorhandener Mail

Der häufigste, weil einfachste, Weg geht über den Rechtsklick auf eine im Posteingang bereits vorhandene Mail.

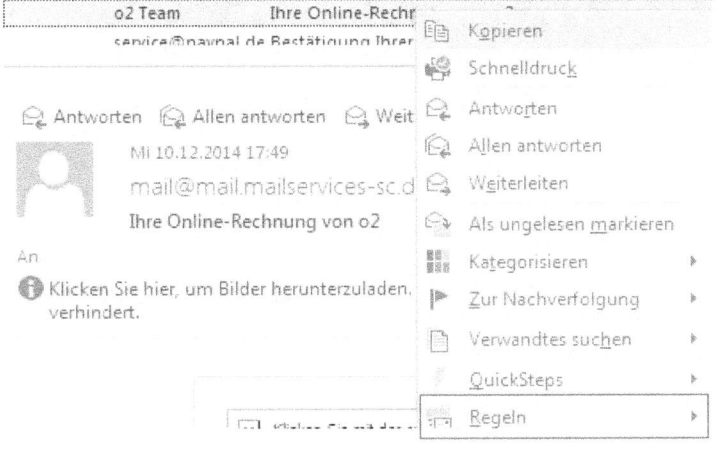

Klicken Sie mit der rechten Maustaste auf die eingegangene Mail und wählen den Menüpunkt REGELN.

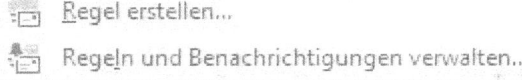

Im Untermenü klicken Sie auf REGEL ERSTELLEN...

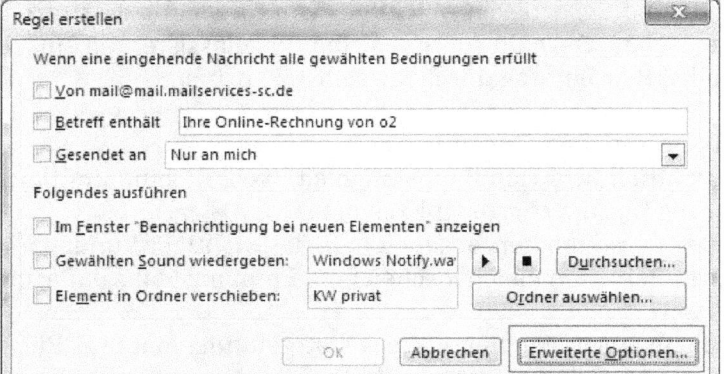

Im folgenden Dialog werden Ihnen 3 häufige Bedingungen (Von, Betreff, Gesendet an) und 3 häufige Aktionen (Benachrichtigung, Sound und Element verschieben) zur Auswahl angeboten.

Mit einem Klick auf die Schaltfläche ERWEITERTE OPTIONEN können Sie andere Kriterien festlegen.

Der jetzt erscheinende Regel-Assistent führt Sie nun in vier Schritten (vier Fenster) durch die Erstellung der Regel: Erst die Bedingung festlegen, dann die Aktion definieren, anschließend Ausnahmen festlegen und zum Schluss einen selbstsprechenden Namen für die Regel ausdenken!

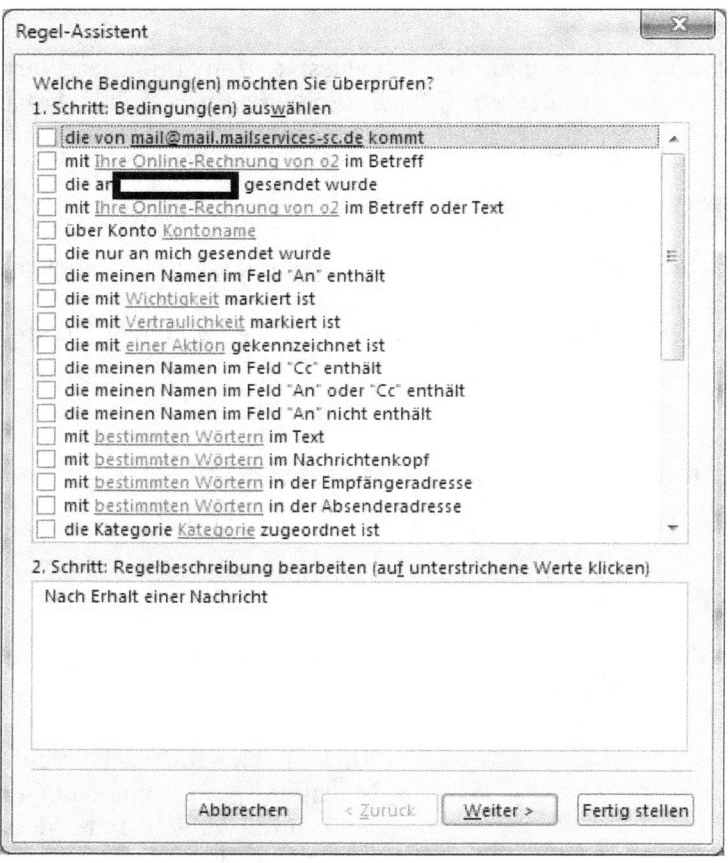

Wählen Sie ganz einfach durch Anklicken die gewünschte Bedingung aus und geben Sie die Kriterien im zweiten Schritt unten in der Regelbeschreibung ein.

Im zweiten Schritt bzw. Dialog verfahren Sie mit der Auswahl der Aktion genauso wie vorher mit der Bedingung (oben auswählen und unten modifizieren).

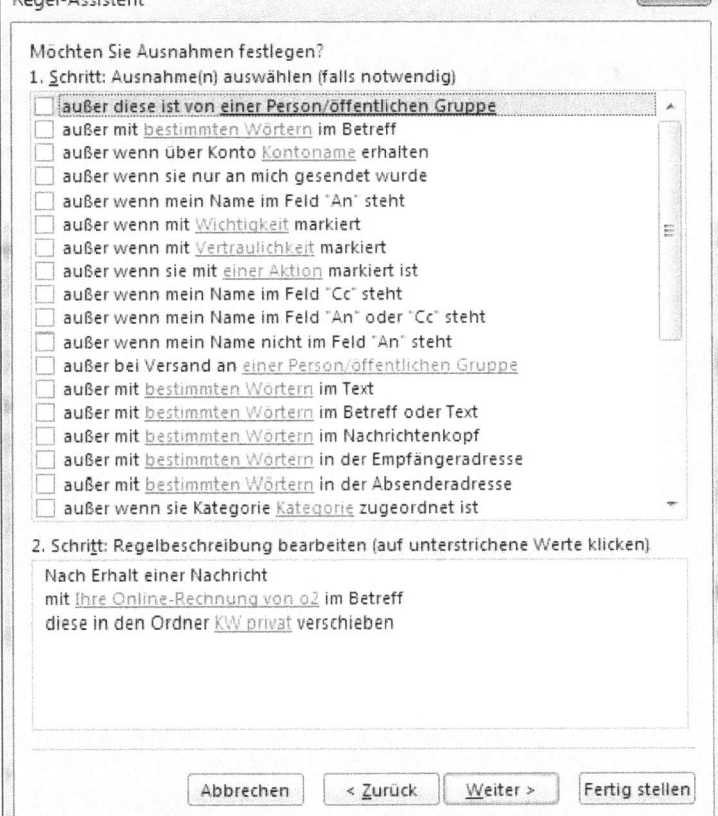

Auch die Ausnahmen werden genauso angelegt wie Bedingungen und Aktionen.

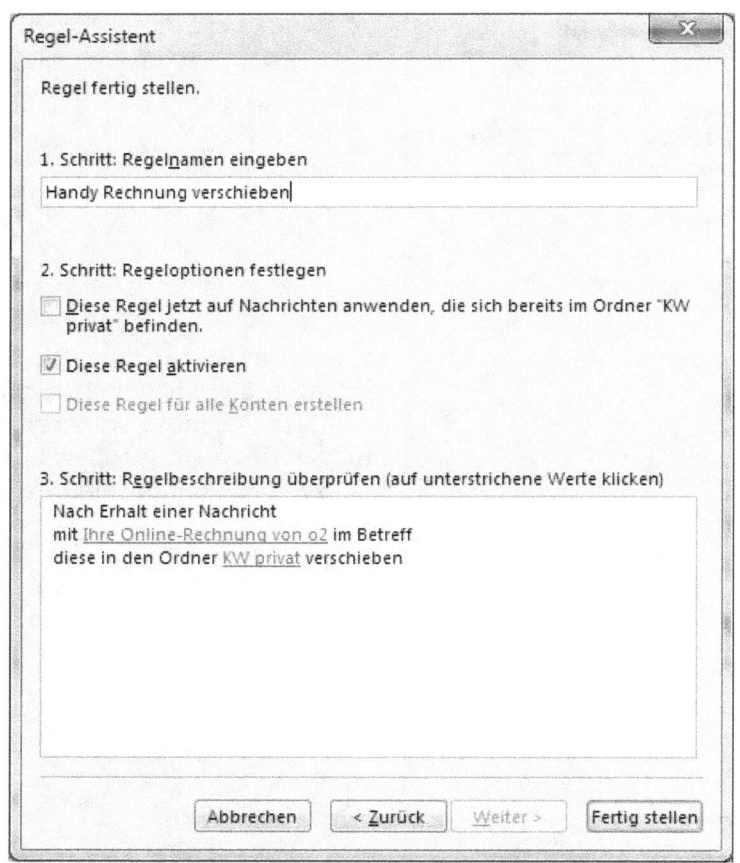

Im vierten und letzten Schritt vergeben Sie einen selbstsprechenden Namen für die Regel und schließen den Vorgang mit einem Klick auf FERTIG STELLEN ab.

## 3.2 Anlegen einer Regel über das Register START

Haben Sie noch keine Mail im Posteingang, so wählen Sie den Weg über das Register Start:

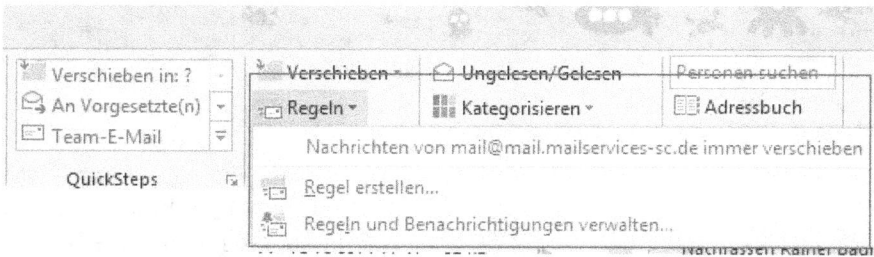

Nach dem Klick auf REGEL ERSTELLEN geht es wie unter Punkt 3.1 beschrieben weiter.

## 3.3 Regel für gesendete Nachrichten definieren

Damit eine Regel für gesendete Nachrichten dauerhaft funktioniert, ist der Weg der Regelerstellung etwas anders:

Klick auf REGELN, REGELN UND BENACHRICHTIGUNGEN VERWALTEN...

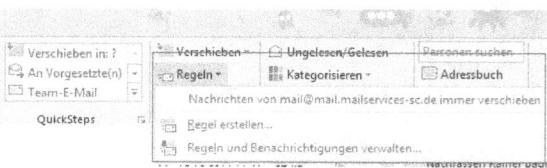

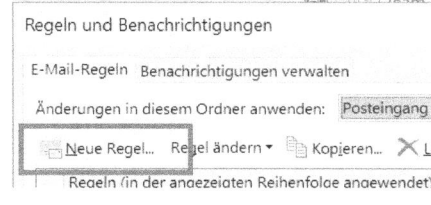

Im folgenden Dialog klicken Sie auf NEUE REGEL...

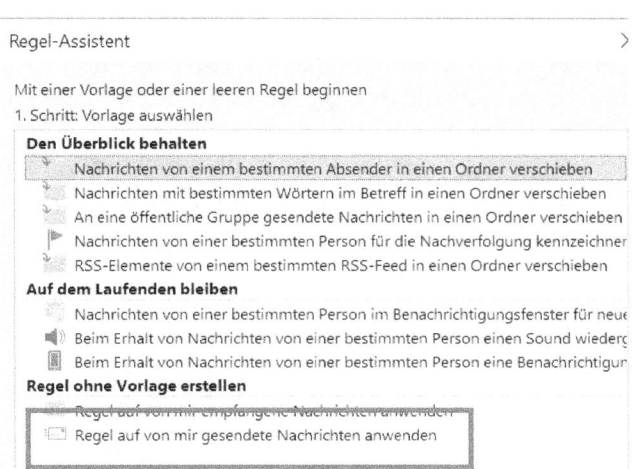

Darauf öffnet sich der Katalog der Regelvorlagen, hier wählen Sie die Option REGEL AUF VON MIR GESENDETE NACHRICHTEN ANWENDEN

Ab jetzt geht es wieder so weiter, wie im Kapitel 3.2 beschrieben!

## 3.4 Regeln verwalten

Ihre definierten Regeln werden in der Reihenfolge nacheinander ausgeführt, wie Sie diese chronologisch erstellt haben, also wird die zuletzt erstellte Regel als erstes ausgeführt. Das macht natürlich keinen Sinn, weshalb Sie über den Dialog REGELN UND BENACHRICHTI-GUNGEN... die Regeln in einer sinnvollen Reihenfolge anordnen sollten:

1. Alle Regeln mit Hinweisen und Benachrichtigungen
2. Alle Regeln mit Aktionen
3. Alle Regeln, die Mails löschen

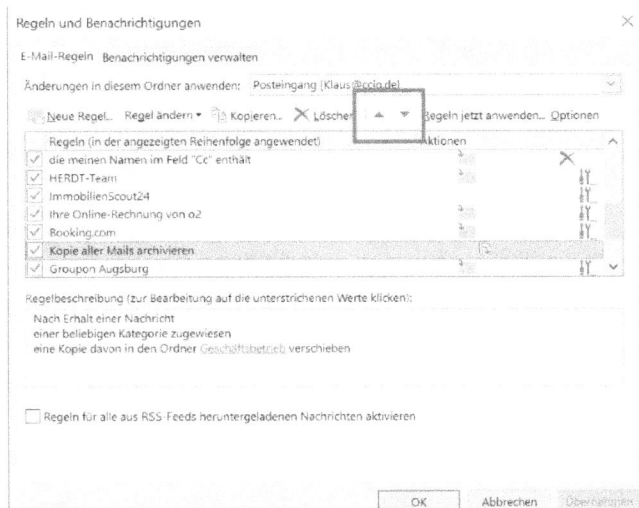

Klicken Sie die Regel an, deren Zeitpunkt der Ausführung Sie verändern möchten und schieben Sie mithilfe der Pfeilschaltflächen nach oben oder unten.

Darüber hinaus stehen Ihnen weitere Optionen in diesem Dialog zur Verfügung, z.B. REGEL ÄNDERN oder REGEL JETZT ANWENDEN

Nehmen Sie sich mal ein paar Minuten Zeit, um sich alle Möglichkeiten von Bedingungen und Aktionen anzuschauen. Bei einer optimalen Nutzung des Regelassistenten sparen Sie sich täglich einige Minuten!!

Bedenken Sie: Alle Regel, die Sie auf dem hier beschriebenen Weg erstellen, sind sogenannte Anwesenheitsregeln! Wenn Sie Regeln für Ihre Abwesenheit definieren wollen, lesen Sie bitte im Kapitel 3.6 nach!

## 3.5 QuickSteps

Immer wiederkehrende, gleiche Tätigkeiten mit eingehenden Nachrichten im Posteingang können Sie mithilfe von QuickSteps automatisieren.

Hierbei gibt es ein Paket von vorinstallierten QuickSteps, die Sie einfach durch die Individualisierung nutzen können, z. B. Weiterleitung an Vorgesetzte(n) durch Eingabe des/der Vorgesetzten.

Darüber hinaus können Sie auch eigene QuickSteps erstellen.

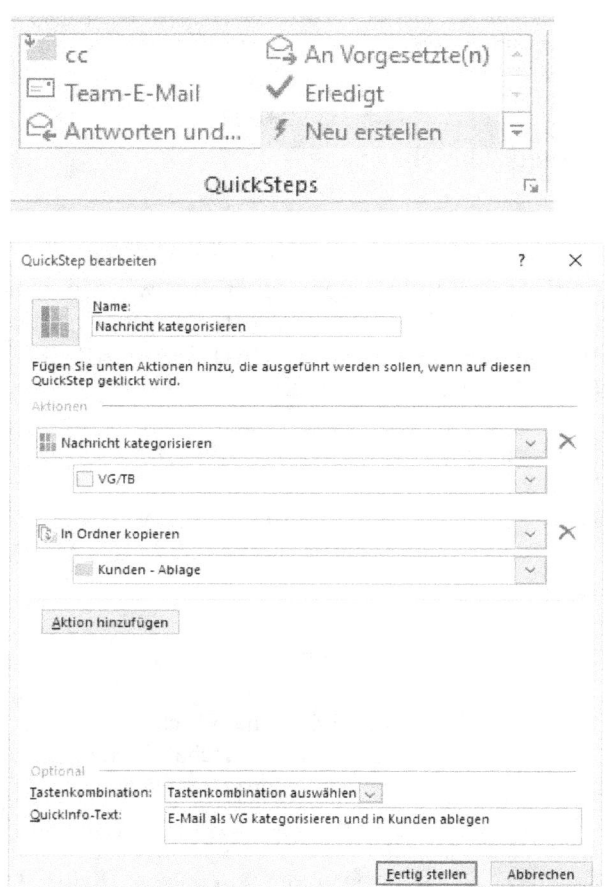

Im Register START finden Sie in der Gruppe QUICKSTEPS die Funktion, um einen neuen QuickStep zu erstellen.

Im darauffolgenden Dialog können Sie den Namen des QuickStep und die Aktion/Aktionen festlegen, die dieser ausführen soll. Des Weiteren können Sie eine Tastenkombination definieren und eine QuickStep/Info anlegen.

Ihre bereits erstellten QuickSteps können Sie auch verwalten:

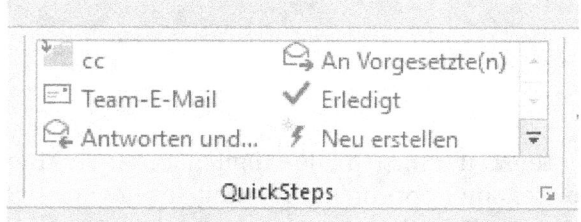

Klicken Sie hierzu auf das Listenfeld rechts unten in der Auflistung.

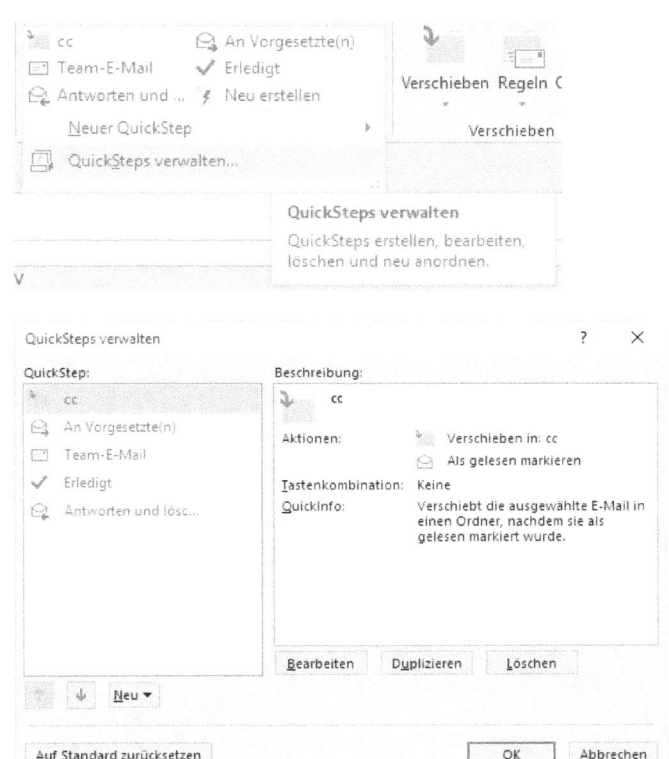

Mit dem Klick auf QUICKSTEPS VERWALTEN öffnet sich der folgende Dialog:

In diesem Dialog können Sie QuickSteps bearbeiten, duplizieren und löschen, aber auch neue QuickSteps erstellen.

## 3.6 Abwesenheitsregel

Viele Anwender verwenden Abwesenheitsnotizen und Abwesenheitsregeln, um in ihrer Abwesenheit (z.B. Urlaub) Ihre E-Mail-Absender zu informieren bzw. Mails an einen Stellvertreter/Bearbeiter weiterzuleiten.

### 3.6.1 Abwesenheitsnotizen

Die Notiz wird einmalig an den Absender der Nachricht während einer Abwesenheit gesendet. Die Aktivierung der Notiz erfolgt über das Register DATEI, Schaltfläche AUTOMATISCHE ANTWORTEN.
Im internen Mailverkehr muss die Notiz folgende Infos beinhalten:
  1. Wie lange bin ich nicht da?
  2. Was passiert mit eingehenden Nachrichten?
  3. Wer ist in dringenden Fällen der Vertreter (mit Angabe der Kontaktdaten)?

Im externen Mailverkehr verzichten Sie bitte auf die Angabe des Stellvertreters, da in Ihrer Abwesenheit Ihr Stellvertreter sowieso Ihren Posteingang sichten/bearbeiten muss. Eine Rückdelegation mit dem Satz „In dringenden Fällen wenden Sie sich an meinen Stellvertreter" ist in der Korrespondenz mit Kunden vollkommen deplatziert. Verwenden Sie lieber den Satz „Mein Stellvertreter kümmert sich um Ihr Anliegen!"

### 3.6.2 Abwesenheitsregeln

Ich erlebe immer wieder, dass Anwender während ihres Urlaubs Mails an Kollegen per Regel weiterleiten. Dies ist im Zeitalter der Mail-Archivierungspflicht absolut kontraproduktiv und ineffizient, da es die Anzahl der Mails im Archiv und den Abstimmaufwand nach der Abwesenheit erhöht. Deshalb verzichten Sie bitte auf solche Regeln, gewähren Ihrem

Stellvertreter Zugriffsrecht auf Ihrem Posteingang und gesendete Elemente, wodurch dieser Ihren Posteingang effizient bearbeiten kann.

## Was war mir wichtig?
## Was setze ich in den nächsten 72 Stunden konkret um?

_____

_____

_____

_____

_____

_____

_____

_____

_____

_____

_____

_____

_____

_____

# 4 Effizienter Workflow in und mit Outlook

## 4.1 Workflow in Outlook

Der größte Zeitfresser bei der Arbeit mit Outlook ist eine ineffiziente Bearbeitung des Posteinganges. Im Durchschnitt verbringt der deutsche Angestellte 70 Minuten täglich mit seinem Mail-Posteingang, ein Wert, der viel zu hoch ist.

Die Ursache liegt zum einen in der Art und Weise, wie Mails gelesen werden (ständig und „zwischendurch", wenn eine Erinnerung an eine neue Mail kommt) und dass die Mails nach dem Lesen im Posteingang verbleiben, weil Sie mit der Mail „noch etwas tun" müssen. Letzteres ist absolut kontraproduktiv, weil Sie sich bei dieser Vorgehensweise vieles merken müssen, was Sie mit der Mail noch machen wollten. Schon bei mehr als 5 Mails im Posteingang verlieren Sie einfach den Überblick, Stress entsteht!!

Wie geht es richtig?

**Zuerst schalten Sie alle Erinnerungen an neue Mails aus, siehe Kapitel 8.1**

Ein Vergleich mit dem dokumentären Posteingang bringt die Lösung!

1. Sie gehen nicht mehrmals/ständig an den Briefkasten und schauen nach neuer Post
2. Sie entnehmen die eingegangene Post und prüfen beim Öffnen/Lesen der Briefe, was damit zu tun ist
3. **Sie bringen keinen geöffneten Brief mehr in den Briefkasten zurück, nur weil Sie damit etwas tun müssen/wollen, oder?!?!?**

Wenden Sie diese Arbeitsweise unbedingt auch in Outlook an:

1. Lesen Sie Mails in Blöcken (1-3-mal Tag reicht vollkommen aus, die Response-Zeit bei Mails liegt immer noch bei 24 h!!) und lassen Sie sich von neuen eingegangenen Mails nicht ablenken!!

 Ständiges Zwischendurch-Lesen von Mails lenkt ab und führt zum sogenannten Sägezahn-Effekt, die Bearbeitung von Aufgaben dauert durch die Unterbrechungen wesentlich länger.

2. Treffen Sie beim Lesen der Mail eine Entscheidung, was damit geschehen soll:
   a. Löschen
   b. Ablegen/Archivieren
   c. Handeln
   d. Termin

   **Mehr als diese 4 Varianten gibt es nicht!!!**

3. Die Mail kommt nach dem Lesen nicht mehr in den Posteingang zurück!! Je nach Handlungsbedarf wird sie gelöscht, abgelegt/archiviert oder in eine Aufgabe oder ein Termin umgewandelt:

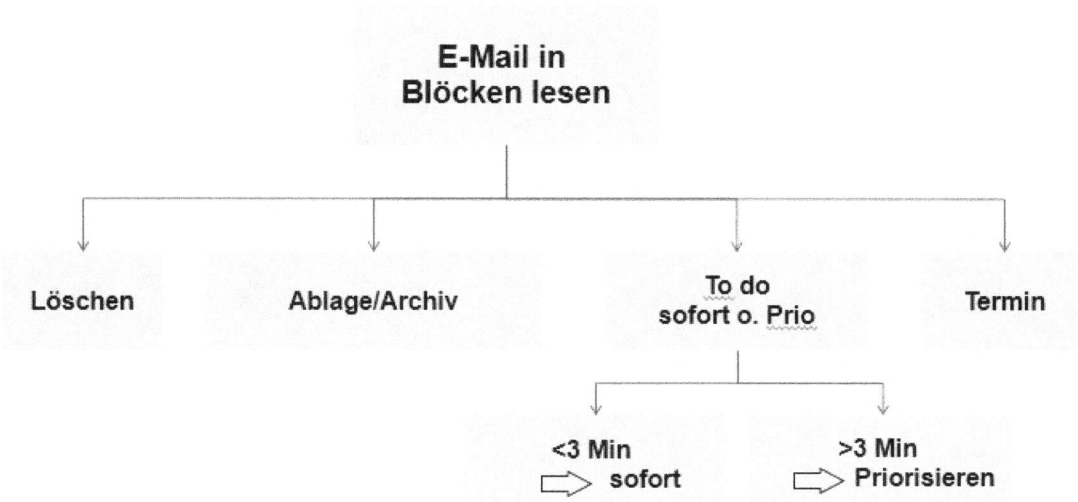

Beim bewussten Lesen einer Mail treffen Sie eine Entscheidung, was mit der Mail geschehen muss/soll und ziehen die Mail dann mit der **rechten** Maustaste auf das jeweilige Element (Aufgaben oder Kalender). So wandeln Sie im Bedarfsfall die Mail in eine Aufgabe oder einen Termin um und Outlook unterstützt Sie mit weiteren Informationen wie Beginn, Fälligkeit oder auch Priorität. Damit können Sie die ganze Administration Ihrem Outlook überlassen und sich selbst auf die wesentlichen Dinge konzentrieren. Der große Vorteil: Outlook vergisst nichts!!!

Bei einer Aufgabe entscheiden Sie, wieviel Zeit Sie für deren Erledigung brauchen: Gelingt Ihnen dies unter drei Minuten, machen Sie es sofort. Brauchen Sie länger, erstellen Sie eine Aufgabe in Outlook.

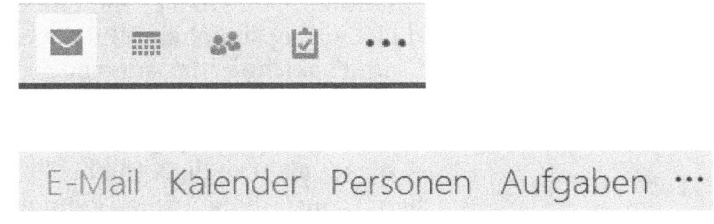

Links unten im Navigationsbereich stehen die Symbole für Posteingang, Kalender, Personen und Aufgaben (in der Ansicht Kompaktnavigation)

oder als Text in der Standardnavigation.

### 4.1.1 E-Mail in einen Termin umwandeln

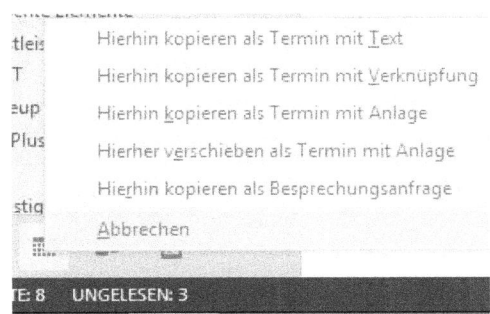

Ziehen Sie die Mail, die Sie in einen Termin umwandeln möchten, mit der rechten Maustaste auf das Kalendersymbol und lassen die Maustaste los. Sie erhalten ein Auswahlmenü, wie Outlook die Mail umwandeln soll: Als Kopie bzw. mit oder ohne Anhang.

Beim Kopieren als Termin mit Text wird der Mail Text und der Betreff in das

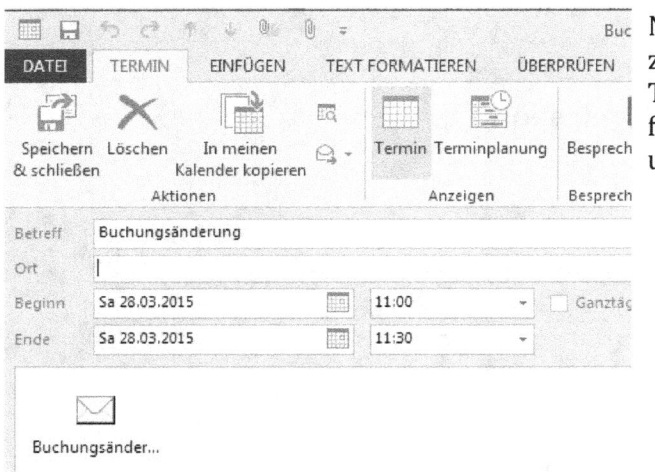

Notizfeld des Termins kopiert. Ergänzen Sie den Beginn und das Ende des Termins, optional fügen Sie weitere Informationen an, speichern den Termin und löschen die Originalmail.

 Bei der Variante „...mit Text" gehen eventuelle Datei-Anlagen verloren!!!!

## 4.1.2 E-Mail in eine Aufgabe umwandeln

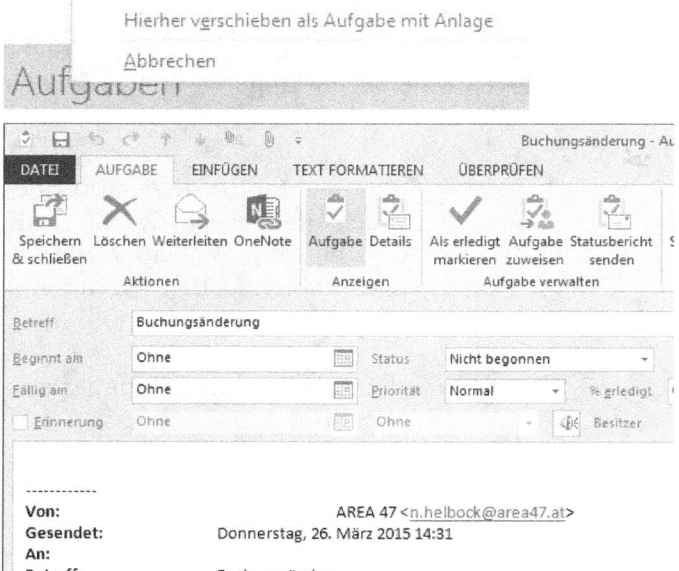

Beim Verschieben als Aufgabe mit Anlage wird die Originalmail (inkl. aller Datei-Anlagen!!!!) an die Aufgabe angehängt.

Ergänzen Sie auf jeden Fall die Informationen BEGINNT AM und FÄLLIG AM, optional eine PRIORITÄT und speichern die Aufgabe ab.

Ist die Aufgabe erledigt, markieren Sie diese als erledigt (nicht löschen, sonst haben Sie keinen Nachweis mehr).

Erledigte Aufgaben zu betrachten, ist doch toll und erhöht somit die Eigenmotivation und das Selbstwertgefühl!

 **Leeren Sie mit diesem Workflow bei jedem Mail-Leseblock Ihren Posteingang!! Spätestens am Ende des Arbeitstages ist der Posteingang leer!!!**

 **Keine Mail kommt in den Posteingang zurück!!**

**Setzen Sie dieses Prinzip konsequent um, sparen Sie bis zu 20 min Ihrer täglichen Arbeitszeit!**

Fragen Sie sich mal, welches Gefühl eintritt, wenn Sie am Ende Ihres Arbeitstages Ihren leeren Posteingang sehen!

**Der Hauptarbeitsbereich in Outlook muss Ihr Kalender in Verbindung mit den To Do's (Aufgabenleiste) sein:**

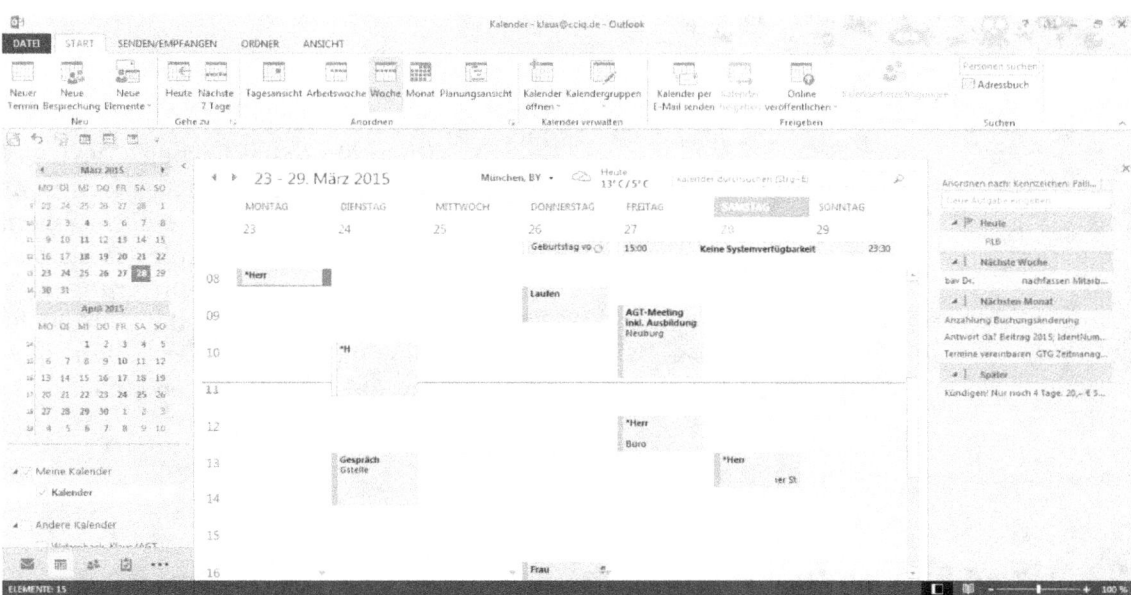

Die Wochenansicht des Kalenders gibt einen guten Überblick über die Woche und die Aufgabenleiste auf der rechten Seite des Outlookfensters zeigt die anfallenden Aufgaben, nach Fälligkeit und Priorität absteigend sortiert.

Standardmäßig wird weder im Posteingang noch im Kalender der Aufgabenbereich angezeigt. Nachdem der aber das wichtigste Werkzeug in Outlook ist, sollte dieser auch „allgegenwärtig" sein. Blenden Sie diesen bitte wie folgt ein:

Klicken Sie im Register ANSICHT auf die Listbox AUFGABENLEISTE

Und wählen die Option AUFGABEN.

Gerne können Sie sich die Aufgaben in der Aufgabenleiste auch gruppiert nach der Fälligkeit anzeigen lassen. Dadurch wirkt diese strukturierter und übersichtlicher. Die Wochenansicht im Kalender ist eine Standardansicht im Register START des Kalenders, die Aufgabenansicht müssen Sie erst definieren:

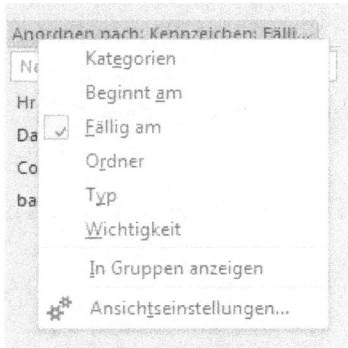

Mit einem Rechtsklick auf die Kopfzeile des Aufgabenblocks können Sie im Kontextmenü die Ansichtseinstellungen ändern. Mit der Option IN GRUPPEN ANZEIGEN schalten Sie die gruppierte Ansicht der Aufgaben ein. Dadurch werden Ihre Aufgaben übersichtlicher in chronologischen Gruppen angezeigt

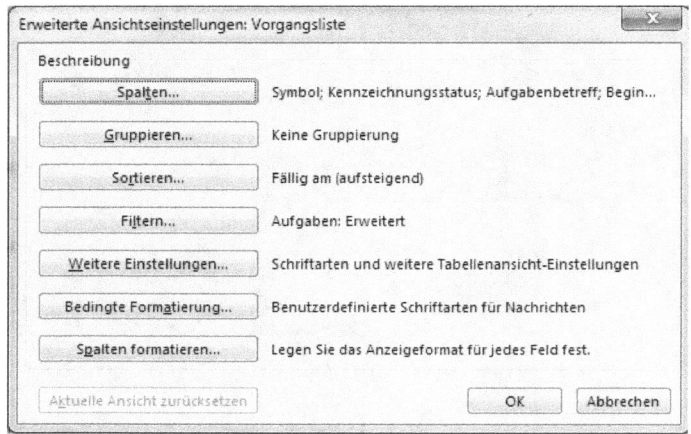

Über die Schaltflächen SORTIEREN und FILTERN können Sie die Ansicht der Aufgabenleiste einschränken, so dass die dringenden Aufgaben ganz oben stehen (Sortierung nach Fälligkeit und Priorität) und nicht alle angezeigt werden (Filter FÄLLIG AM z.B. nur diesen Monat).

## 4.2 Einige Priorisierungsmethoden

Um den Überblick über Ihre Aufgaben zu behalten, verwenden Sie am besten Aufgaben, weil Sie diese perfekt priorisieren können. So können Sie mithilfe einer Aufgabe genau festlegen, wann Sie mit der Tätigkeit beginnen wollen/müssen, damit Sie rechtzeitig (das heißt **stressfrei**) fertig werden. Lassen Sie Tätigkeiten im Posteingang stehen, müssen Sie sich alle Daten (Beginn, Fälligkeit, Priorität) im Kopf merken. So nehmen Sie diese Aufgaben auch unbewusst mit nach Hause und können nicht richtig abschalten. Das Burnout-Risiko steigt...

Einige Priorisierungshilfen:

### 4.2.1 ALPEN-Methode

| | |
|---|---|
| **A**ktivitäten schriftlich festhalten | Nur wenn Sie alle Aktivitäten, Aufgaben und Termine sofort schriftlich festhalten, behalten Sie den Überblick und verzetteln sich nicht. |
| **L**änge schätzen | Kalkulieren Sie Ihr Zeitbudget wie Ihren Haushaltsetat. Zeit ist noch wertvoller als Geld! Natürlich kann z.B. die Dauer eines Kundengesprächs oder einer fachlichen Ausarbeitung nicht mit minutiöser Genauigkeit vorhergesagt werden. Aber durch Übung und Kontrolle werden Sie immer genauere Zeitspannen ermitteln können und Ihre Zeiteinschätzung verbessern. |
| **P**ufferzeiten reservieren | Reservieren Sie täglich unbedingt 2 bis 3 Stunden Pufferzeit für Unvorhergesehenes. Erfahrungsgemäß sind etwa 60% der Arbeitszeit die |

CC IQ GmbH

| | |
|---|---|
| | Obergrenze für eine realistische Planung (60:40-Regel). Wieviel Sie von Ihrem Arbeitstag vorab planen und wieviel Freiraum Sie benötigen, können nur Sie selbst durch Erfahrung herausfinden. |
| **E**ntscheidungen treffen | Treffen Sie nun Entscheidungen hinsichtlich der Prioritäten nach ABC und über die zeitliche Einordnung der einzelnen Aufgaben in Ihren Tagesplan. Eventuell sind dabei auch einige Aktivitäten für einen späteren Arbeitstag vorzusehen. |
| **N**achkontrolle durchführen | Lassen Sie den abgelaufenen Tag Revue passieren und übertragen Sie ggf. unerledigte Aufgaben. Erstellen Sie Ihren Tagesplan für den nächsten Tag immer am Vorabend. So schlafen Sie ruhiger und können sich besser auf den nächsten Tag einstellen. |

### 4.2.2 ABC-Methode

Sicher haben auch Sie oft eine ganze Menge verschiedener Aufgaben scheinbar zur gleichen Zeit zu erledigen. Womit fangen Sie an? In welcher Reihenfolge gehen Sie vor? Was dürfen Sie auf keinen Fall vergessen oder aufschieben?

Deshalb unterteilen Sie Ihre Aufgaben in sehr wichtige (A), wichtige (B) und weniger wichtige Aufgaben (C).

Beispiele:

| | |
|---|---|
| **A-Aufgaben:** | - Aufgaben, die wesentlich ertragsrelevant sind<br>- Aufgaben, die erledigt werden müssen, damit der Geschäftsbetrieb weitergeht<br>- Aufgaben von großer Wichtigkeit, die unsere ganze Aufmerksamkeit erfordern-<br>- Aufgaben, die für Kunden/Führungskraft sofort zu erledigen |
| **B-Aufgaben** | - wichtige Telefonate<br>- wichtige Anfragen, die zu beantworten sind<br>- Gesprächsvorbereitungen |
| **C-Aufgaben** | - Routinetätigkeiten<br>- Papierkram<br>- aufschiebbare Ablage/Aktenverwaltung |

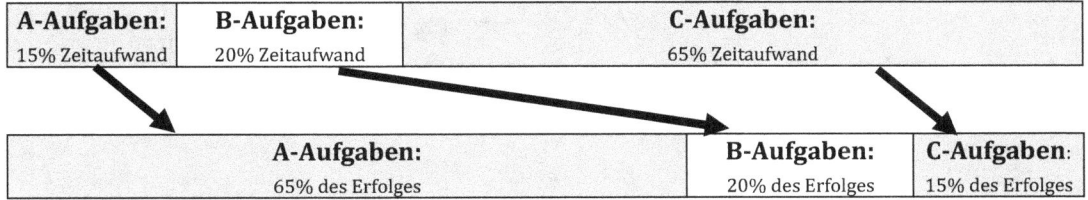

### 4.2.3 Pareto-Prinzip

Der italienische Volkswirt und Soziologe Vilfredo Pareto fand durch statistische Untersuchungen heraus, dass 20 % der Bevölkerung 80 % des Volksvermögens besaßen. Dieser

Sachverhalt erwies sich bei einer näheren Betrachtung auf viele andere Lebens- und Wirtschaftsbereiche als durchaus übertragbar.

Für Ihre Arbeitsorganisation bedeutet das Pareto-Prinzip grundsätzlich: 20 Prozent Ihrer Aufgaben sind so wichtig, dass Sie damit 80 Prozent Ihrer Ziele erreichen werden. Sie sollten also nicht zuerst die leichtesten, interessantesten oder kürzesten Aufgaben erledigen, sondern die **wichtigsten**.

### 4.2.4 Eisenhower-Methode

Der (damals) amerikanische General Eisenhower teilte seine Aufgaben nach 2 Kriterien ein: Wichtigkeit (für seine persönliche Zielerreichung) und Dringlichkeit. Daraus entstanden 4 Kategorien:

Das Risiko bei einer fehlenden Kategorisierung ist, dass dringende C-Aufgaben vor wichtigen B-Aufgaben erledigt werden.

Ist dann die Anzahl von C-Aufgaben hoch, bleiben B-Aufgaben (z.B. Jahres-Umsatzziele, Lebensziele) liegen.

Falls Sie C-Aufgaben nicht delegieren können, achten Sie darauf, dass Sie diese in Leerzeiten (bzw. unproduktive Zeiten) erledigen. Deshalb sollten Sie nur 60% Ihrer täglichen Zeit für A- und B- Aufgaben verplanen. Ein Blick auf die Störhäufigkeit bringt weitere Zeitfenster zu Tage, in denen Sie C-Aufgaben erledigen können:

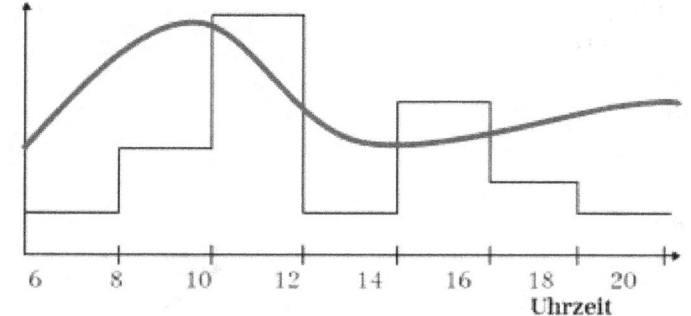

Die schwarze Linie ist die Störhäufigkeit und die blaue Linie ein durchschnittlicher Bio–Rhythmus.
Effiziente Zeitfenster sind somit zwischen 8 und 10 Uhr, 12-14 Uhr und 17-18 Uhr.

## 4.3 Zielplanung

Jedes Jahr an Silvester nehmen sich Menschen gute Vorsätze vor, sie stecken sich ein Ziel. Am Drei-Königstag sind 95% der guten Vorsätze schon wieder dahin. Woran liegt das?

Die Menschen planen diese Vorsätze oder Ziele nicht richtig! Oder sie wollen das Ziel gar nicht wirklich erreichen, sind also nicht bereit, den Preis dafür zu zahlen.

Gute Ziele müssen mindestens SMART sein!

**S** Spezifisch (nur für mich persönlich, das Ziel passt zu mir, ich mache das gerne)

**M** Messbar (konkret)

**A** Anspruchsvoll (es fordert/reizt/spornt mich an)

**R** Realistisch (Realisierbar, es muss machbar sein)

**T** Terminiert (bis wann will ich es erreicht haben)

Wenn Sie diese Ziele nun noch schriftlich fixieren (und zwar so, als hätten Sie diese bereits erreicht) und visualisieren, dann haben Sie Ihrem Unterbewusstsein einen klaren Auftrag gegeben!!

Ein Beispiel:

Herr Träumer beobachtet in der Neujahrsnacht mit seiner Gemahlin das Feuerwerk und sagt: Ich würde so gerne mit Dir 2 Wochen auf Mauritius fliegen.

Sein Nachbar fühlt sich von dessen Vision inspiriert, setzt sich am Neujahrsmorgen an den Tisch und schreibt auf einen Zettel: Dieses Jahr fliege ich an Weihnachten für 2 Wochen auf Mauritius. Die Reise kostet 5.000 €, die ich in 10 Monatsraten bis Oktober angespart habe. Die Buchung mache ich im Oktober, zur persönlichen Motivation hänge ich mir Bilder mit Tauchen/Golfen etc. von Mauritius auf.

Was glauben Sie, wer das Ziel Mauritius erreicht?

An dieser Stelle sei nochmal die berühmte Studie der Harvard-Universität zitiert:

- 83% der Absolventen eines Jahrgangs hatten keine konkreten Ziele über Ihren beruflichen Werdegang
- 14% der Absolventen hatten konkrete Ziele und verdienten nach 10 Jahren das Dreifache wie die erste Gruppe
- 3% haben ihre Ziele auch noch schriftlich fixiert und verdienten nach 10 Jahren das 10-fache der ersten Gruppe!!!

## 4.4 Von der Lebensplanung zum konkreten Wochenplan

Um ein ausgeglichenes Leben in Erfolg UND Erfüllung zu führen, ist es sinnvoll und notwendig, Ihre Aufgaben und damit Ihre (Lebens- und Arbeits-) Ziele in den 5 wichtigen Lebensbereichen zu planen und umzusetzen:

1. Persönliche Entwicklung (ICH)
2. Finanzen
3. Beruf und Karriere
4. Partnerschaft/Familie/Freizeit
5. Gesundheit

In meinen Zeitmanagement-Seminaren frage ich meine Teilnehmer immer, welche Lebensbereiche bekannt sind. Erstaunlich ist, dass der Bereich „ICH" immer zum Schluss bzw. gar nicht genannt wird. Eine fatale Priorisierung! Denn wenn es mir nicht gut geht, kann ich erst recht nicht dafür sorgen, dass es anderen gut geht!

Planen Sie Ihre Ziele aufgeteilt nach diesen Bereichen und achten Sie darauf, dass alle Bereiche jede Woche in Ihrem Kalender Zeitfenster bzw. Aufgaben bekommen. Ein Beispiel: Ein Manager hat zwei Kinder und verspricht seiner Frau, immer für die Kinder da zu sein, wenn sie ihn brauchen. Was ist nun, wenn die Kinder ihn nicht „brauchen"? Er wird nie Zeit mit seinen Kindern verbringen!! Richtig ist es, z.B. am Wochenende eine/mehrere Aktivitäten in der darauffolgenden Woche zu planen!

Brechen Sie also alle Lebensziele immer auf eine Wochenaktivität herunter! Dies heißt, dass Sie ca. 15 min für Ihre Wochenplanung (entweder am Freitagnachmittag oder am Montagvormittag) planen müssen. Legen Sie hierzu am besten einen fixen Termin im Kalender fest oder stellen sich zumindest eine Serien-Aufgabe mit Erinnerung ein.

Um stets den Überblick zu behalten, wo Sie aktuell in Ihrer Zielerreichung stehen, ist es nützlich, sich in Outlook zwei Ansichten (was habe ich diese Woche erreicht und was steht nächste Woche an) zu definieren, die sich auf Ihre Wochenplanung beziehen. Outlook bietet schon verschiedene Ansichten, z.B. erledigte Aufgaben:

In den Aufgaben sehen Sie im Register ANSICHT über die Funktion ANSICHT ÄNDERN die von Outlook angebotenen Ansichten. Über ANSICHTEN VERWALTEN können Sie sich eigene Ansichten definieren.

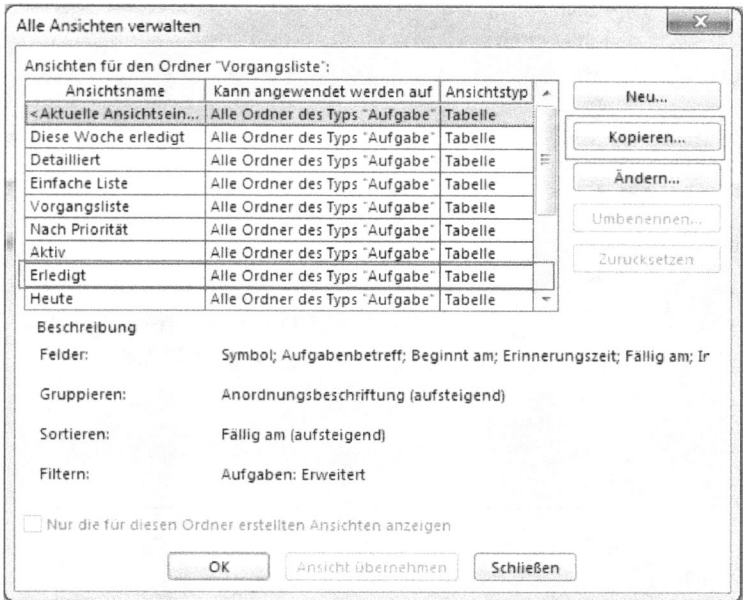

Hier sehen Sie alle bereits definierten Ansichten und können auch neue Ansichten anlegen. Am einfachsten geht es, wenn Sie die Ansichten ERLEDIGT kopieren und modifizieren.

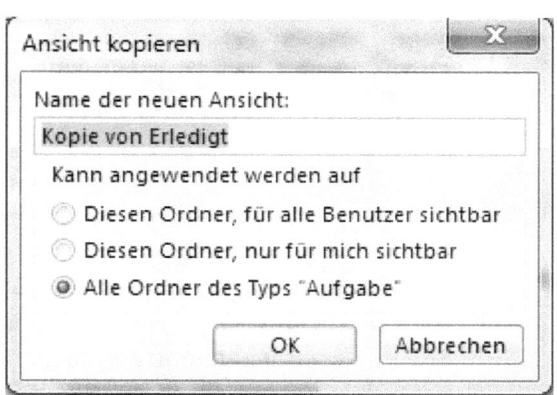

Zuerst müssen Sie der Ansicht einen Namen geben, z.B. „diese Woche erledigt"

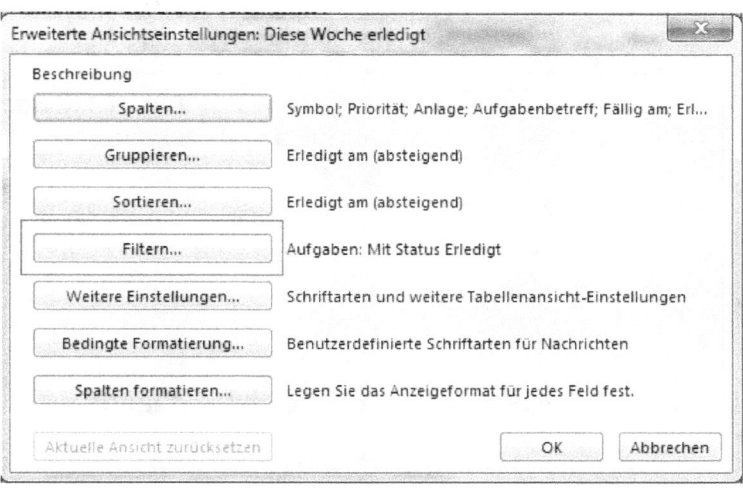

Über FILTERN schränken Sie die Ansicht auf diese Woche ein.

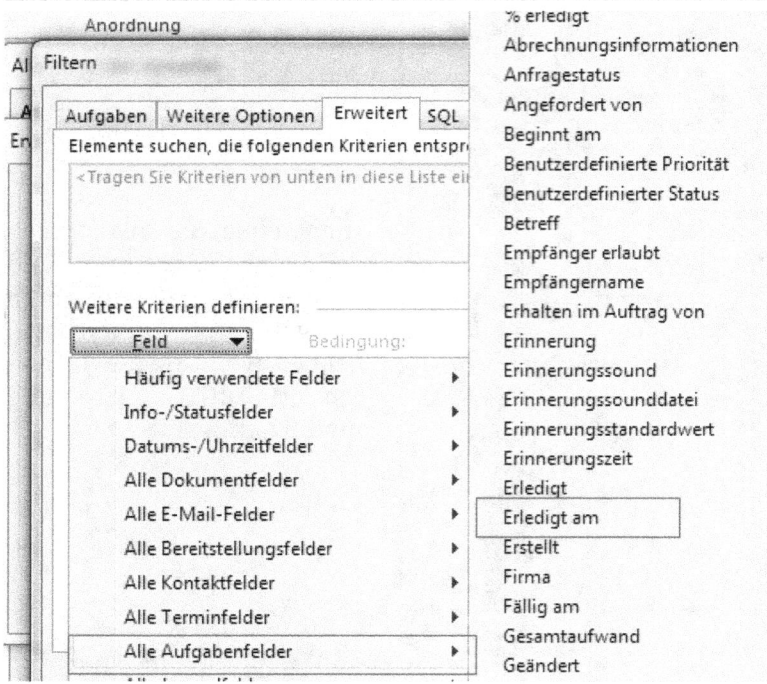

Über das Register ER-WEITERT wählen Sie das Aufgabenfeld ERLEDIGT AM aus.

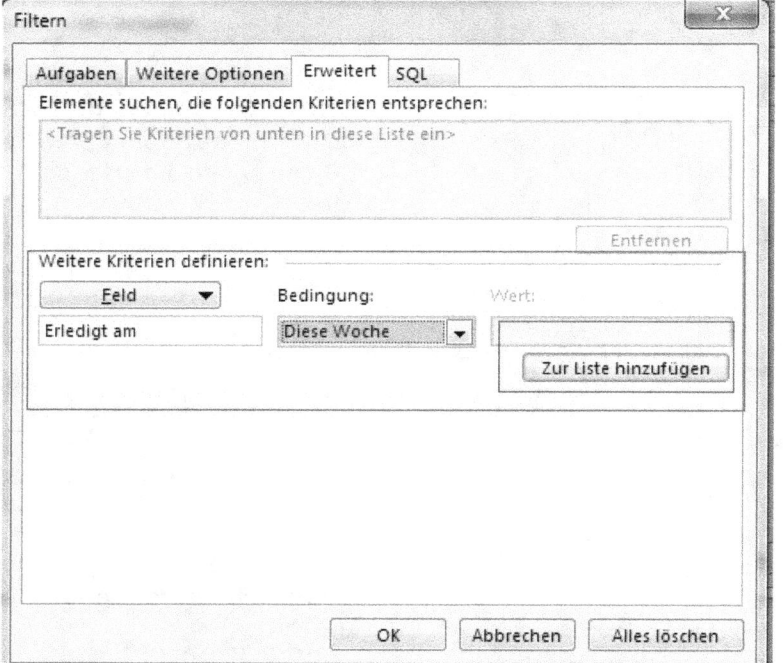

Setzen Sie den Wert auf DIESE WOCHE, wenn Sie Ihren Wochenrückblick am Freitagnachmittag machen oder auf LETZTE WOCHE, wenn Sie den Rückblick am Montag früh machen.

Speichern und schließen Sie alle Dialogfenster mit OK.

 **Erledigte Aufgaben tragen zur positiven Einstellung bei und motivieren für weitere Aufgaben!**

## Was war mir wichtig?
## Was setze ich in den nächsten 72 Stunden konkret um?

_____

_____

_____

_____

_____

_____

_____

_____

_____

_____

_____

_____

_____

_____

# 5 Archivierungspflicht für E-Mails

Im Zeitalter der Digitalisierung haben wohl auch die rechtsprechenden Einrichtungen erkannt, dass E-Mails in Unternehmen mittlerweile archiviert werden müssen. Abgeleitet wird dies aus den Gesetzen Abgabenordnung (AO), Telekommunikationsgesetz (TKG), Handelsgesetzbuch (HGB) und Bundesdatenschutzgesetz (BDSG). Aus diesen gesetzlichen Grundlagen resultiert eine Aufbewahrungspflicht von 6 bzw. 10 Jahren für geschäftliche Korrespondenz. Dokumentiert wurde dies erstmals vom Bundesfinanzministerium am 14. 11. 2014 in einem Schreiben an die obersten Finanzbehörden.

Ab dem 01.01.2017 gilt nun die GoBD für alle buchführenden Unternehmen.

Die GoBD sind die Grundsätze zur

- ordnungsgemäßen Führung und
- Aufbewahrung von Büchern
- Aufzeichnungen und Unterlagen in elektronischer Form
- sowie zum Datenzugriff

In der Umsetzung heißt das, dass alle geschäftlichen (versandte und empfangene; externe wie interne) Mails 10 Jahre archiviert werden müssen.

 **ACHTUNG: Verwechseln Sie nicht Ablage mit Archivieren! Mit einer E-Mail-Ablage in einem Postfach, einer persönlichen Ordnerdatei (PST) oder einem Laufwerk genügen Sie nicht der GoBD!**

Die Archivierung muss revisionssicher sein, d.h.

- kein Verlust der Daten möglich
- kein Verändern oder Löschen möglich
- Anlagen müssen im Originalformat archiviert werden
- die Form muss digital, also lesbar, bleiben (kein Papier!!!).

Für die Nutzer von E-Mail-Programmen erleichtert das die Entscheidung, welche Mails wie lange aufgehoben werden:

 **Archivieren Sie alle Mails 10 Jahre lang (keine privaten oder persönlichen Mails)!**

Viele größere Unternehmen setzen hier bereits eine entsprechende Software ein, in kleineren Betrieben empfiehlt sich eine Cloud-Lösung über einen Provider.

Da die Mail vor der Archivierung nicht verändert werden darf, empfiehlt sich der Einsatz zweier Regeln, die **alle** eingehenden (1. Regel) und gesendeten (2. Regel) Mails automatisch in einen Ordner kopieren. Aus diesem Ordner werden die Mails nach einem zu definierenden Zeitraum (z.B. 60 Tage) automatisch ins endgültige Archiv verschoben.

# 6 Sinnvolle Ablage

Ihr Tagesgeschäft organisieren Sie in Outlook in Ihrem Postfach mithilfe der Elemente (POSTEINGANG, GESENDETE ELEMENTE, AUFGABEN und KALENDER). Was machen Sie aber mit Mails, die Sie ablegen möchten? Oder erledigten Aufgaben und vergangenen Terminen, die Sie als Nachweis dokumentieren möchten (siehe auch Archivierungspflicht)?

Outlook ist hierfür bestens gerüstet!

Unter Umständen gibt es in Ihrem Unternehmen eigenständige Archivierungssysteme.

Natürlich können Sie Ihre Mails wie Ihre Dateien auch im Dateisystem auf einem Computerlaufwerk oder Netzlaufwerk ablegen.

 **Nicht zu viele Ordner!!!**

Achten Sie beim Ablegen oder Archivieren darauf, nicht zu viele Ordner anzulegen. Gerade wir ordnungsliebende Deutsche neigen dazu, allzu komplexe und ineinander verschachtelte Ordner anzulegen, in denen dann nur wenige Elemente abgelegt sind. Dieses Verhalten haben wir aus unserem Umgang mit Papier übernommen, ist aber absolut kontraproduktiv und Zeitverschwendung: Würden Sie alle Ihre Papier-Dokumente auf einem Stapel sammeln, brauchen Sie sehr viel Zeit, um etwas wiederzufinden. Also benutzen Sie Schränke, Regale, Ordner und Register, um schnell wieder zu finden.
In der elektronischen Ablage haben Sie Suchfunktionen (sh. Kapitel 7) sowohl in Outlook als auch im Dateisystem (im Windows Explorer). Diese Suchfunktionen finden alles wieder, weil sie nicht nur nach dem Dateinamen suchen, sondern i.d.R. auch die Inhalte durchsuchen (Achtung: Keine Bildinhalte oder gescannte Dokumente!).

Deshalb empfehle ich Ihnen, auf komplexe Ordnerstrukturen zu verzichten und stattdessen die Suchfunktionen zu beherrschen. Machen Sie es wie berühmte Internet-Suchmaschinen, die kommen auch ohne Ordner aus und finden alles, wenn es richtig gesucht wurde!

 **5 Ordner reichen vollkommen aus!**

Ich arbeite mittlerweile mit einem einzigen Ordner und spare mir täglich ca. 10 Minuten, das sind mittlerweile 80 Stunden, also zwei Arbeitswochen!!

## 6.1 Outlook-Datendatei (Persönliche Ordner)

Um eine Datendatei zur Mailablage zu nutzen, müssen Sie unter Umständen (vielleicht hat das Ihre IT-Abteilung schon für Sie gemacht) nur eine Outlook-Datendateien anlegen:

Über das Register DA-
TEI, KONTOEINSTEL-
LUNGEN, …

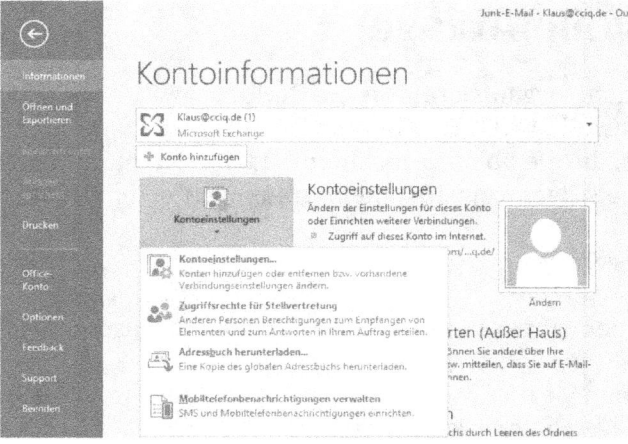

Register DATENDA-
TEIEN, HINZUFÜGEN…

Bestimmen Sie Spei-
cherort und Dateina-
men (wichtig, der Da-
teiname erscheint in
Outlook im Ordnerbe-
reich).

Eine Outlook-Datenda-
tei ist eine Datei mit
der Endung PST.

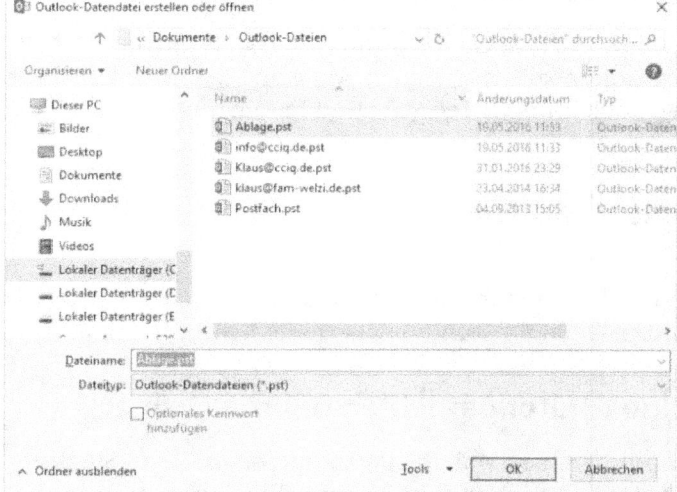

In dieser Datendatei können Sie sich eine individuelle Ordnerstruktur anlegen, was aber
nicht sinnvoll ist:

Klicken Sie die Datendatei ABLAGE im Outlook-Ordnerbereich mit rechts an und wählen im Kontextmenü den Eintrag NEUER ORDNER

 **Achten Sie darauf, dass Sie möglichst keine Bildlaufleiste im Ordnerbereich haben, Blättern kostet Zeit!!**

Beherrschen Sie die Suchwerkzeuge in Outlook (sh. Kapitel 7), benötigen Sie keine Ordnerstruktur mehr!

Ist die Datei erstellt, können Sie Mails ganz einfach per Drag and Drop ablegen. Haben Sie eine Mail geöffnet, können Sie auch die VERSCHIEBEN Funktion benutzen:

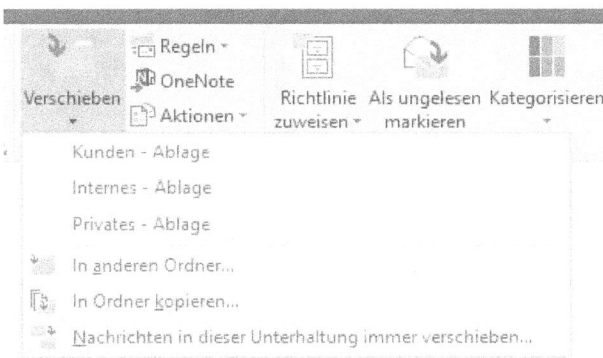

Im Register START befindet sich die Schaltfläche VERSCHIEBEN, wo Sie Zugriff auf die zuletzt verwendeten Ordner haben.

 Die VERSCHIEBEN-Funktion finden Sie auch im Kontextmenü (einfach rechts anklicken) einer Mail, die sich noch im Posteingang befindet

 Die wichtigsten Ordner sollten Sie in der Mail-Ansicht in den FAVORITEN ablegen und Mails per Drag and Drop dort ablegen (falls Sie keinen direkten Zugriff haben im Ordnerbereich und keine Regel hierfür einsetzen).

Im Laufe der Zeit wird die Datei immer größer, was sich früher oder später auf die Performance Ihres Outlooks niederschlägt. Bitte prüfen Sie die Größe der Datei über das Kontextmenü:

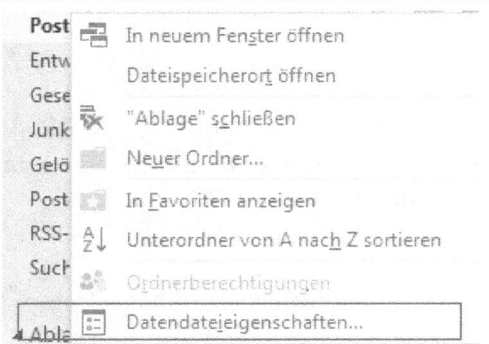

Klicken Sie mit der rechten Maustaste auf den Namen Ihrer Outlook-Datendatei und im Kontextmenü auf DATENDATEIEIGEN-SCHAFTEN…

Im folgenden Dialog klicken Sie auf die Schaltfläche ORDNERGRÖßE

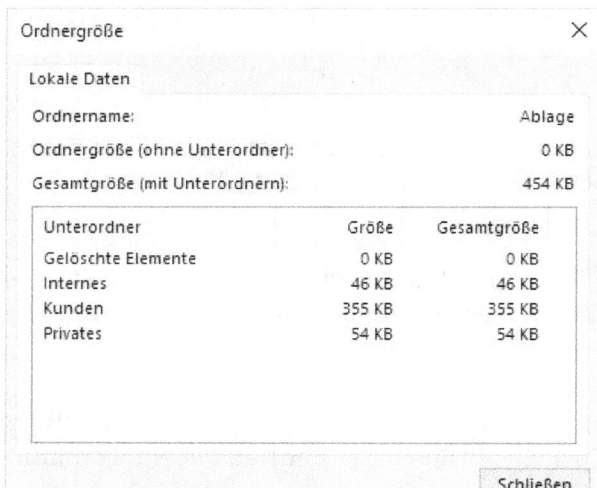

Nun sehen Sie, aufgeteilt nach erstellten Ordnern, welche Datenmengen in Ihrem Ordner liegen.

Um Performance und Übersichtlichkeit in einem effizienten Rahmen zu halten, sollten Sie nicht mehr als 1 GB in einem persönlichen Ordner ablegen. Haben Sie zu viele Mails abgelegt, können Sie diese auch archivieren!

 Viele Unternehmen setzen eigene Archivierungssoftware ein, da kann unter Umständen ein manuelles Archivieren nicht mehr möglich sein.

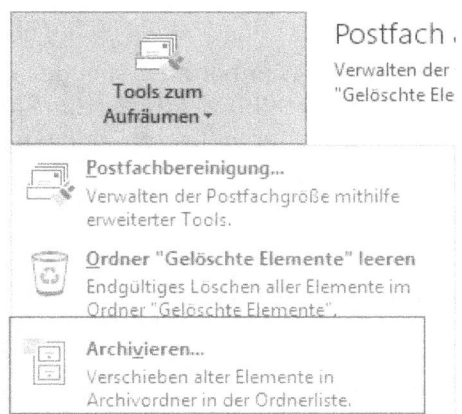

Klicken Sie im Register DATEI auf TOOLS ZUM AUFRÄUMEN und dort auf die Funktion ARCHIVIEREN...

Hier wählen Sie Ordner, dann das Datum, ab wann die Elemente archiviert werden sollen und den Speicherort und Dateiname für die Archivierungsdatei.

Diese Funktion eignet sich hervorragend zur manuellen Archivierung von Kalender und Aufgaben, wenn Sie die automatische Archivierung vom Postfach nicht nutzen wollen.

Achtung: Diese Form der Archivierung ist für Mails nicht mehr gesetzeskonform!

## 6.2 Dateisystem

Selbstverständlich können Sie auch Mails auf einem Laufwerk Ihres Computers oder einem Netzlaufwerk ablegen. Dies können Sie über DATEI, SPEICHERN UNTER (Dateityp *.MSG wählen!!!) durchführen oder auch per Drag and Drop mit ein oder mehreren Mails.

Da dieser Vorgang in der Regel länger dauert als eine Ablage in Outlook, sind Sie mit der Ablage in Outlook besser bedient.

Um die Ablagemengen in Outlook gering zu halten, können Sie auch die Mail und den eventuell vorhandenen Dateianhang trennen, indem Sie lediglich die Anlagen im Dateisystem speichern:

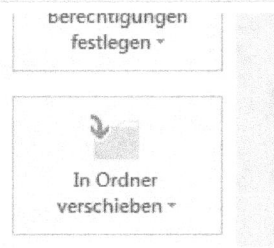

Im Register DATEI befindet sich der Befehl ANLAGEN SPEICHERN für das Speichern von ein oder mehreren Anlagen einer Mail.

Auch bei der Ablage im Dateisystem gilt das Prinzip „weniger ist mehr", was die Anzahl von Ordner angeht. Auch hier Microsoft immer wieder nachgebessert und die Suchfunktion optimiert, siehe im Kapitel 7.

## 6.3  Öffentliche Ordner

Öffentliche Ordner stehen nur in Exchange-Arbeitsumgebungen zur Verfügung.

Da sie im Handling genauso bedient werden können wie persönlichen Ordner, auf denen mehrere Personen berechtigt werden können, eignen sie sich hervorragend zur Ablage von geschäftlichen Informationen, auf die mehrere Personen zugreifen müssen oder sollen.

Die Berechtigungen kann eine vom Unternehmen bestimmte Person (häufig sind dies die Leiter einer organisatorischen Einheit) vergeben bzw. ändern (Rechtklick auf den öffentlichen Ordner, Funktion FREIGABEBERECHTIGUNGEN ÄNDERN, Schaltfläche HINZUFÜGEN oder die bestehende Person aus der Liste wählen und eine Berechtigungsstufe wählen oder ändern.

 Benutzen Sie öffentliche Ordner, um innerhalb organisatorischen Einheiten per Outlook zu kommunizieren.

## Vermeiden Sie intern das Weiterleiten von E-Mails!!

In Unternehmen gibt es häufig sehr viele öffentliche Ordner. Um den Zugriff auf die Ordner zu beschleunigen, legen Sie sich die Ordner in den Favoriten in den öffentlichen Ordnern und die wichtigsten Ordner auch noch in den E-Mail-Favoriten im Ordnerbereich der Mail-Ansicht ab.

Vorgehensweise:

1. Rechtsklick auf den öffentlichen Ordner, wählen Sie ZU FAVORITEN HINZUFÜGEN.
2. Im folgenden Dialog klicken Sie auf die Schaltfläche OPTIONEN
3. Der Dialog erweitert sich und Sie können auch alle Unterordner und alle neuen Unterordner in die Favoriten aufnehmen
4. Ein weiterer Rechtsklick auf einen einzelnen Ordner in den Favoriten bietet Ihnen die Option IN FAVORITEN ANZEIGEN; Ein Klick darauf und der öffentliche Ordner befindet sich in der Mail-Ansicht unter Ihren Favoriten

## 6.4  SharePoint

Eine weitere Form der Mailablage ist über SharePoint möglich. Bitte informieren Sie sich hierzu in Ihrem Unternehmen, ob dies erlaubt/gewünscht ist und wie Sie dies technisch realisieren können.

## 6.5   Kategorisieren von E-Mails

Wie ich Ihnen in diesem Kapitel schon erklärt habe, sollten Sie mit so wenig Ordnern wie möglich in der Mailablage/-Archivierung auskommen. Ein sehr gutes Hilfsmittel auf dem Weg zu einer reduzierten Ordneranzahl sind die Kategorien. Setzen Sie Kategorien anstelle von Ordner ein.

Durch die Zuordnung einer Farbe zu jeder Kategorie werden die Mails auch noch optisch strukturiert. Darüber hinaus können Sie Mails, Terminen und Aufgaben auch mehrere Kategorien zuweisen.

Durch das Verwenden von Suchordnern (sh. Seite 47) können Sie Ihre Mails auch nach Kategorien durchsuchen lassen.

Des Weiteren können Sie nicht nur Mails, sondern auch andere Outlook -Elemente wie Termine und Aufgaben mit den gleichen Kategorien versehen.

### 6.5.1   Wie erstelle ich Kategorien?

Ihr Outlook liefert Ihnen schon im „Auslieferungszustand" mehrere Kategorien, die Sie rechts im Start-Register finden:

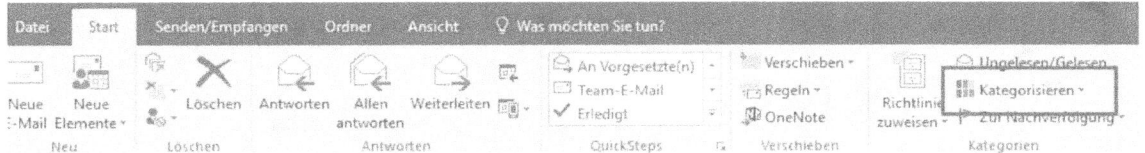

Diese können Sie natürlich umbenennen, weitere hinzufügen und sogar eine Tastenkombination festlegen, mit deren Hilfe Sie ein Element in Outlook schnell kategorisieren können.

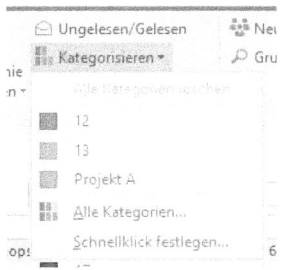

Klicken Sie auf Kategorisieren und dann auf Alle Kategorien...

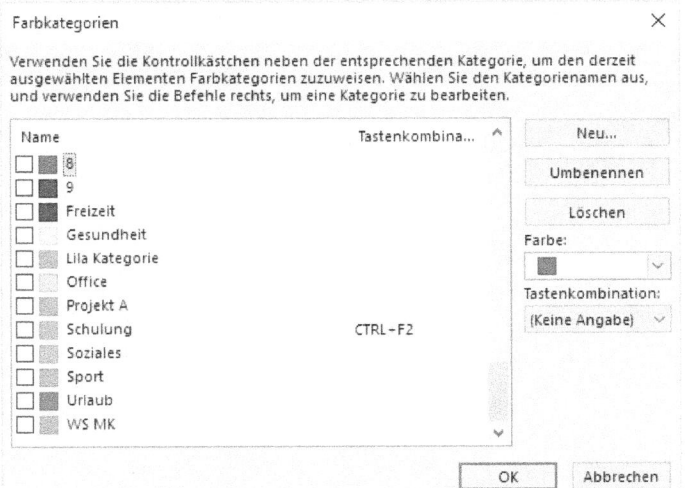

In diesem Dialog können Sie neue Kategorien erstellen, bestehende umbenennen und Farben und Tastenkombinationen zuweisen.

### 6.5.2    Wie verwende ich Kategorien?

Um einem Element in Outlook (Mail, Termin oder Aufgabe, etc.) eine Kategorie zuzuweisen, gibt es mehrere Möglichkeiten:

1.   Über das Register Start mit einem Klick auf KATEGORISIEREN
2.   Rechtsklicken auf das Element, Befehl KATEGORISIEREN
3.   Über eine zugewiesene Tastenkombination, z.B. CTRL+F2

## Was war mir wichtig?
## Was setze ich in den nächsten 72 Stunden konkret um?

_____

_____

_____

_____

_____

_____

_____

_____

_____

_____

_____

_____

_____

_____

# 7 Suchfunktionen

Outlook verfügt über mehrere hervorragende Suchwerkzeuge, die im Folgenden vorgestellt werden. Beachten Sie beim Suchen, dass lediglich immer nur ein Suchdienst (z.B. Ihr Postfach, alle persönlichen Ordner oder ein öffentlicher Ordner) durchsucht wird.

Aufgrund der 10-jährigen Archivierungspflicht von Mails ist es wichtig, die Suchfunktionen zu beherrschen. Komplexe Ordnerstrukturen sind kontraproduktiv, verzichten Sie auf Ordner und lernen Sie perfekt suchen! Sie werden viel Zeit gewinnen!!

Das Kategorisieren von Mails und das Beherrschen der Suchfunktionen ist in der digitalen Welt der Schlüssel zum effizienten Dokumentenmanagement.

## 7.1 Sofortsuche

Die Sofortsuche unterstützt Präfixübereinstimmungen in von Ihnen angegebenen Textzeichenfolgen. Soll der Suchordner beispielsweise alle E-Mail-Nachrichten mit dem Wort "über" beinhalten, enthält der Suchordner auch Nachrichten, die das Wort "Übersetzer" oder "überlegen", nicht aber das Wort "darüber" enthalten. Die Verwendung von Wildcards ist nicht möglich.

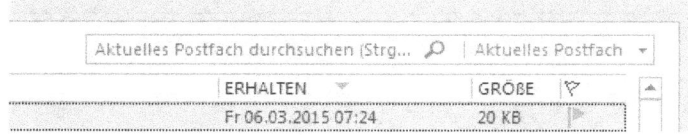

Klicken Sie in das Feld rechts oben im Outlookfenster und geben den Suchbegriff ein. Sie können auch mehrere Worte suchen. Diese müssen dann mit dem Operator UND verknüpft werden. Wichtig: UND muss großgeschrieben werden. Weitere Operatoren, die Sie verwenden können, sind NICHT oder ODER. Mehrere Worte in der gleichen Reihenfolge müssen Sie in doppelte Anführungszeichen setzen, z.B. „Klaus Welzenbach".

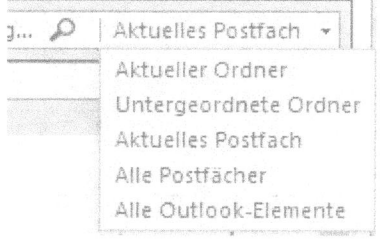

Über das Listenfeld können Sie den Suchort verändern.

Die Sofortsuche sucht auch in Anlagen einer Mail nach dem Suchbegriff.

## 7.2 Suchtools

Das kontextsensitive Register SUCHTOOLS erscheint nur, wenn Sie Ihren Cursor im Eingabefeld der Sofortsuche platziert haben.

Klicken Sie in das Feld SOFORTSUCHE im Outlookfenster, so erscheint das kontextsensitive Register SUCHTOOLS, mit dem Sie Ihre Suche verfeinern können oder die zu durchsuchenden Orte festlegen können.

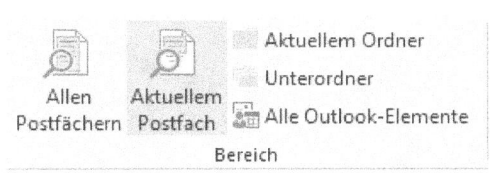

In der Gruppe BEREICH legen Sie fest, wo gesucht werden soll bzw. wonach. Achten Sie darauf, in welcher Ansicht Sie Ihre Suche beginnen: In der E-Mail-Ansicht (siehe links unten im Navigationsbereich) sucht Outlook nur nach Mails. Ein Klick auf ALLE OUTLOOK-ELEMENTE erweitert die Suche z.B. auch auf Aufgaben, Termine und Personen.

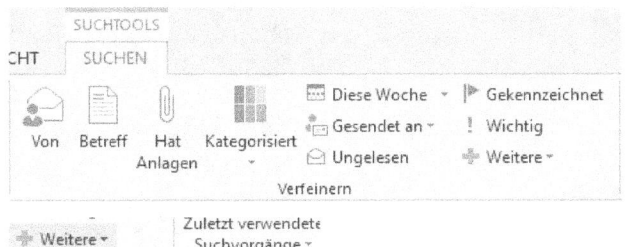

Bringt Ihre Outlook-Suche zu viele Ergebnisse, können Sie das Ergebnis auch auf einzelne Felder in Outlook eingrenzen:
Zum Beispiel begrenzt ein Klick auf das VON-Feld die Suche auf den Absender einer Mail.

Über die Schaltfläche WEITERE können Sie noch eine Vielzahl von Outlook-Felder in die Suche einbeziehen.

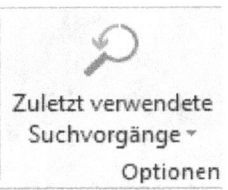

Immer wieder kehrende Suchen können Sie über das Listenfeld ZULETZT VERWENDETE SUCHVORGÄNGE ohne erneute Eingabe der Kriterien abrufen

 Beherrschen Sie die **Suchtools** und Sie werden viel Zeit sparen!!!

## 7.3  Erweiterte Suche

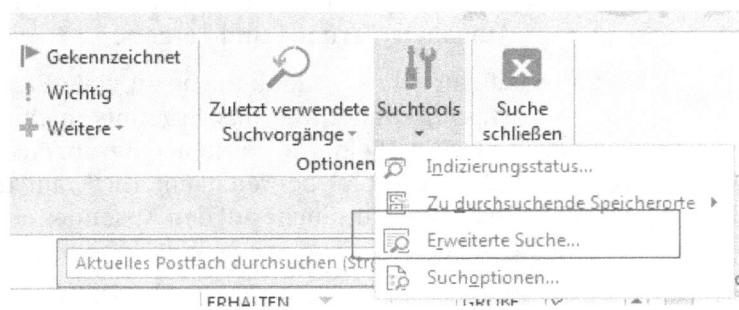

Über die Schaltfläche SUCHTOOLS im Register SUCHTOOLS erreichen Sie die ERWEITERTE SUCHE.

Alternativ können Sie die Tastenkombination Strg+Umsch+F verwenden.

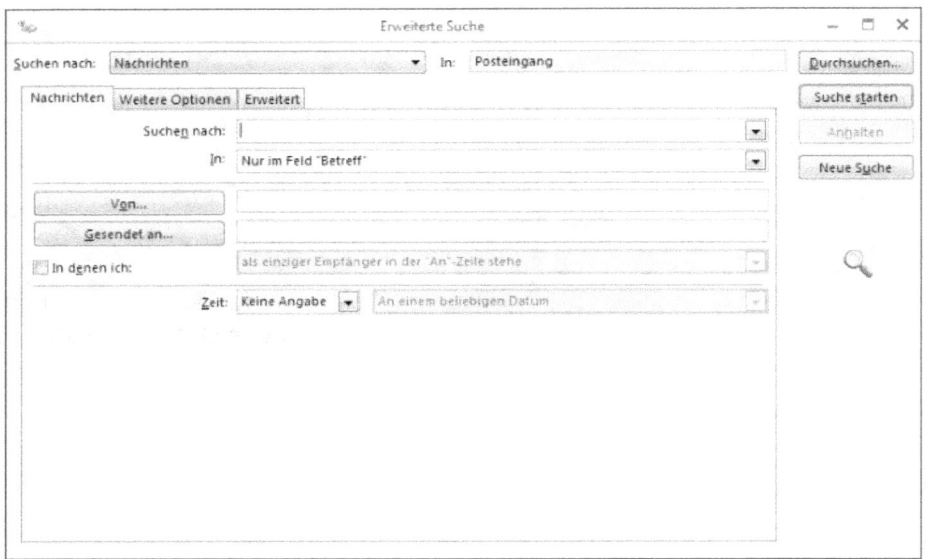

Mit der erweiterten Suche können Sie sehr detaillierte Suchvorgänge gestalten. Über drei Register (NACHRICHTEN, WEITERE OPTIONEN, ERWEITERT) können Sie Suchkriterien erfassen. Alle Kriterien müssen bei der Suche zutreffen.

## 7.4  Suchordner

Suchordner unterstützen Präfixübereinstimmungen in von Ihnen angegebenen Textzeichenfolgen. Soll der Suchordner beispielsweise alle E-Mail-Nachrichten mit dem Wort "über" beinhalten, enthält der Suchordner auch Nachrichten, die das Wort "Übersetzer" oder "überlegen", nicht aber das Wort "darüber".

Bei Suchordnern werden die Kriterien gespeichert, d.h. das Ergebnis kann sich ständig ändern.

Wie erstellen Sie einen neuen Suchordner? Klicken Sie einfach mit der rechten Maustaste im Navigationsbereich in Ihrem Postfach auf SUCHORDNER und klicken auf NEUER SUCHORDNER...

Im folgenden Dialog können Sie bereits definierte Suchordner wie z.B. NACHRICHTEN VON ODER AN BESTIMMTE PERSONEN auswählen

oder einen BENUTZERDEFINIERTEN SUCHORDNER anlegen

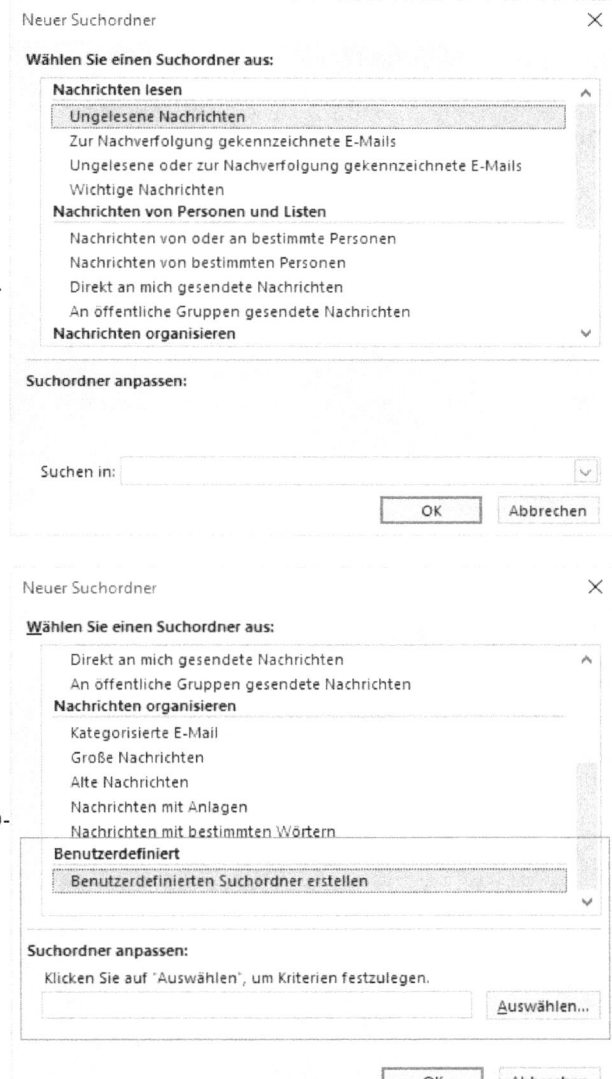

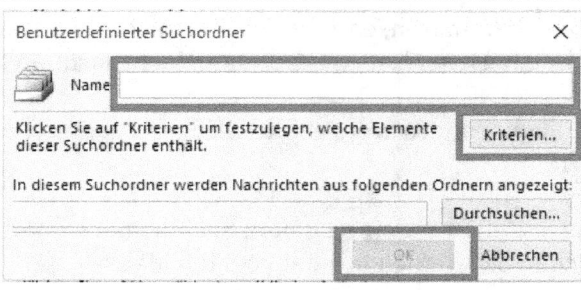

Für einen individuellen Suchordner müssen Sie einen Namen für den Ordner eingeben und die Kriterien (was soll gesucht werden?) definieren.

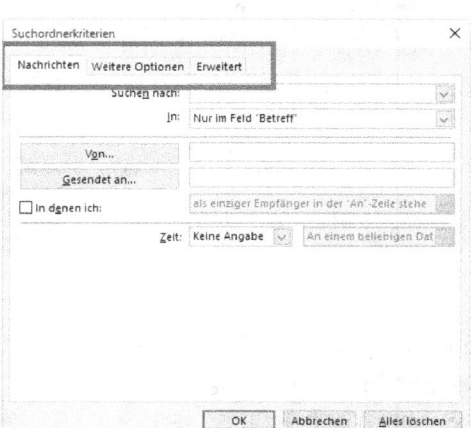

Die Kriterien können Sie über die drei Register NACHRICHTEN, WEITERE OPTIONEN und ERWEITERT festlegen

## Was war mir wichtig?
## Was setze ich in den nächsten 72 Stunden konkret um?

_____

_____

_____

_____

_____

_____

_____

_____

_____

_____

_____

_____

_____

_____

_____

_____

# 8 Weitere Tipps und Tricks

## 8.1 Erinnerungen

In Outlook gibt es vier Erinnerungen an neue Nachrichten und jeweils eine an Termine und Aufgaben. Erinnerungen an neue Mails sind Störfaktoren im Tagesgeschäft, verleiten zum „Zwischendurch"-Lesen von Mails und müssen deshalb unbedingt ausgeschaltet werden.

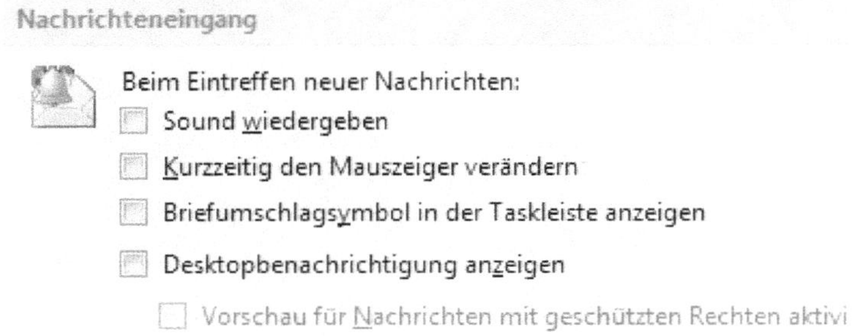

Nachrichteneingang

Beim Eintreffen neuer Nachrichten:
- ☐ Sound wiedergeben
- ☐ Kurzzeitig den Mauszeiger verändern
- ☐ Briefumschlagsymbol in der Taskleiste anzeigen
- ☐ Desktopbenachrichtigung anzeigen
- ☐ Vorschau für Nachrichten mit geschützten Rechten aktivi

Im Register DATEI, OPTIONEN finden Sie in der Kategorie E-MAIL die vier Optionen der Erinnerung an neue Mails. **Bitte alle deaktivieren!**

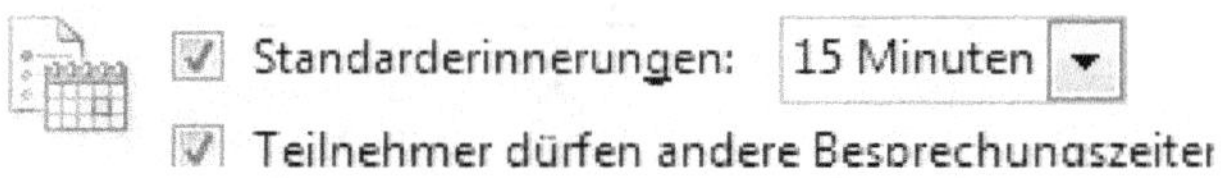

- ☑ Standarderinnerungen: [ 15 Minuten ▼ ]
- ☑ Teilnehmer dürfen andere Besprechungszeiter

Auch in den OPTIONEN von Outlook in der Kategorie KALENDER finden Sie die Standard-Erinnerung an Termine.

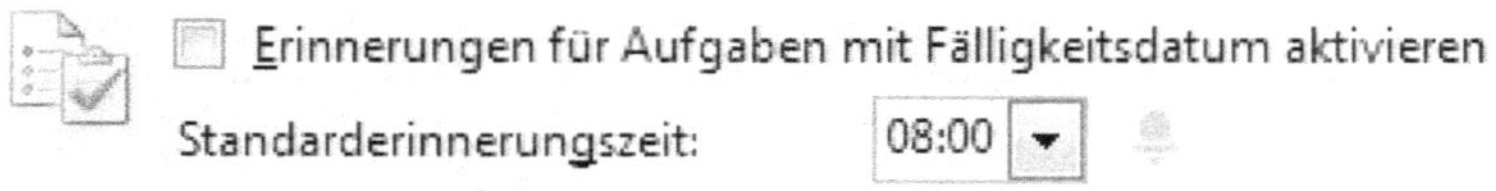

- ☐ Erinnerungen für Aufgaben mit Fälligkeitsdatum aktivieren
  Standarderinnerungszeit: [ 08:00 ▼ ]

In der Kategorie AUFGABEN finden Sie die Standarderinnerung an Aufgaben.

> Zu viele Erinnerungen in Outlook sorgen für ein zu hohes Maß an (unerwünschter) Fremdsteuerung. Deshalb setzen Sie Erinnerungen nur sporadisch bei Aufgaben und Terminen ein, aber keinesfalls bei Mails!!!

Bitte achten Sie auch beim Einsatz von mobilen Geräten darauf, die Erinnerungen auszuschalten. Gerade die neuen Apps ringen aufgrund Ihrer Vielzahl um Ihre Aufmerksamkeit: Facebook, WhatsApp, Mail etc. sind sinnvolle Werkzeuge, aber deren Erinnerungen z.B. an neue Posts sind große Zeitfresser!!!

## 8.2 Vorlagen

Schreiben Sie immer wieder die gleichen Mailtexte? Dann arbeiten Sie einfach mit Vorlagen! Schreiben Sie eine Mail wie gewohnt mit Betreff und Inhalt (einfach noch keinen Empfänger einsetzen) und speichern die Mail in Ihrem Laufwerk als *.oft (Outlook-Template) ab:

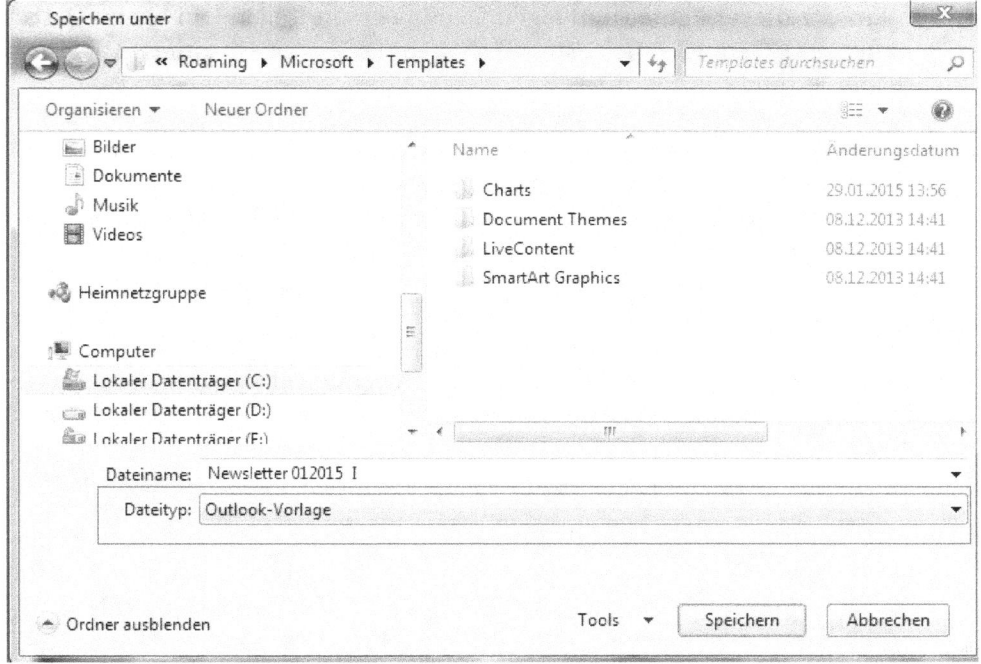

Sobald Sie den Dateityp beim Speichern auf OUTLOOK-VORLAGE ändern, wechselt Outlook in das Standard-Vorlagenverzeichnis. Diesen Ordner können (sollten) Sie ändern in ein Verzeichnis Ihrer Wahl, z.B. ein Teamlaufwerk, auf das auch Kollegen zugreifen können.

Um die Vorlage zu verwenden, öffnen Sie dann den Windows Explorer, gehen in das Verzeichnis (legen Sie es einfach als Favorit im Explorer ab) und doppelklicken Sie auf die Datei. Outlook erstellt eine neue Mail und Sie müssen nur noch den Empfänger und evtl. weitere Informationen ergänzen.

## 8.3  Team-Arbeit

Arbeiten Sie in Teams, empfiehlt es sich, Mails in öffentlichen Ordnern (sh. Kap. 6.3) oder im SharePoint abzulegen. Leiten Sie auf keinen Fall Mails an Ihre Kollegen weiter, die auch Zugriff auf die gemeinsamen Speichermedien haben. Sie erhöhen damit nur den Datentransfer und überfüllen die Postfächer Ihrer Kollegen, die diese wiederum leeren müssen (zusätzlicher, aber unnötiger Arbeitsaufwand).

Häufig werden auch Mails von Vorgesetzten ungefiltert an die Mitarbeiter weitergeleitet, was zu gleichem kontraproduktivem Effekt führt.

Klären Sie in einer Teambesprechung, welche Information an einem Speicherort, auf den alle Zugriff haben, abgelegt werden.

 **Vermeiden Sie das Weiterleiten interner Mails und das Benutzen interner Verteiler!!!**

## 8.4  Einsatz des CC- und des BCC-Mailversandes

Häufig werden Kollegen, Führungskräfte oder Spezialisten über den Versand einer Mail an eine andere Person auf dem Laufenden gehalten. Hierzu wird das CC-Feld (Carbon copy) oder auch das BCC-Feld (blind Carbon copy) in Outlook verwendet.

Vermeiden Sie den Einsatz dieser Felder und legen Sie die versandte Mail an einem Ort ab, wo die oben genannten Personen auch Zugriff haben (z.B. gemeinsames Laufwerk, SharePoint, Öffentlicher Ordner).

Die häufige Verwendung dieser Felder ist ein Zeichen für mangelnde Kommunikationskultur im Unternehmen, potenziert nur die Mengen in der Mail-Ablage/im Archivsystem und frisst Arbeitszeit, weil der Posteingang voll wird (also bitte sofort eine Regel definieren, dass alle (b)CC-Mails verschoben werden!!!)

## 8.5 Effizienter Outlook-Start

In Outlook ist der Posteingang als Startordner eingestellt. Bei einem effizienten Zeitmanagement sollte aber der Kalender mit der Aufgabenleiste als Start in den Tag dienen. Wie können Sie das umstellen?

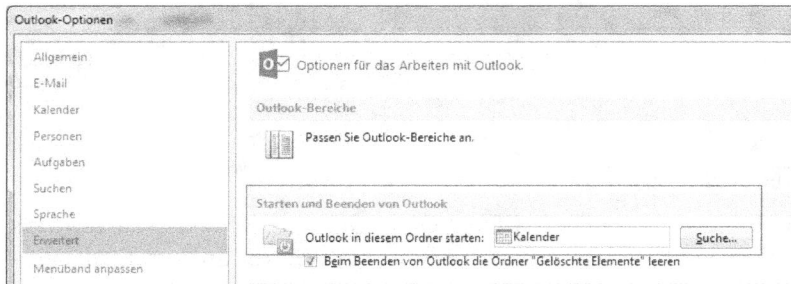

Gehen Sie über Register DATEI, OPTIONEN in die Kategorie ERWEITERT. Dort können Sie den Startordner ändern.

Fehlt Ihnen die Aufgabenleiste noch in der Ansicht? Kein Problem!

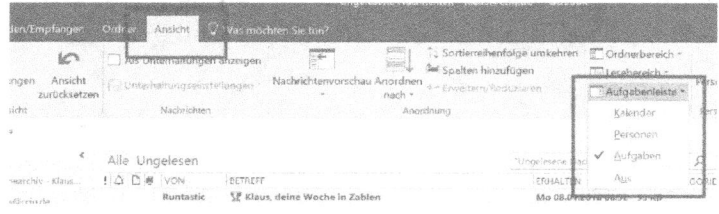

Blenden Sie diese über Register ANSICHT, AUFGABENLEISTE, AUFGABEN ein.

## 8.6 Outlook-Start mit Erinnerungen

Viele Menschen starten am Morgen ihr Outlook und werden erstmal von ihrem Erinnerungsfenster erschlagen!!! Das ist der schlechteste Start in den Tag, denn Sie sollen Ihren Tag gut beginnen!!

Setzen Sie Erinnerungen an Aufgaben nur ganz gezielt und sporadisch ein, indem Sie nur Erinnerungen zu bestimmten Uhrzeiten wählen, aber niemals die Erinnerungen um 08:00 Uhr am Morgen, es sei denn, Sie müssen die Aufgabe wirklich um diese Uhrzeit erledigen.

## 8.7 Optimale Stellvertretung

Für Ihre Abwesenheiten sollten Sie Ihrem Stellvertreter ausreichende Rechte an Ihrem Postfach geben, damit eine sinnvolle Stellvertretung möglich ist. Ihrem persönlichen Stellvertreter sollten Sie eine Änderungsberechtigung geben, allen anderen im Team ein Leserecht. Bitte geben Sie keinem Stellvertreter eine Löschberechtigung, da Sie persönlich für das Archivieren Ihrer Mails verantwortlich sind!

Somit ist eine sinnvolle Berechtigung für Ihren direkten Stellvertreter die Stufe „Bearbei-ter", allerdings ohne Löschrechte. Richten Sie den Zugriff am einfachsten über einen Rechts-klick auf den jeweiligen Ordner ein:

Im Kontextmenü des jeweiligen Ordners die
EIGENSCHAFTEN anklicken

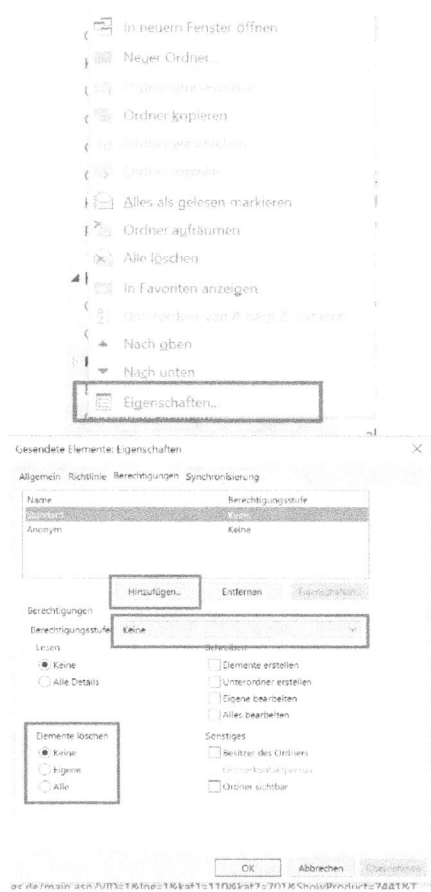

Im Dialog EIGENSCHAFTEN wählen Sie das
Register BERECHTIGUNGEN, über die Schaltfläche HINZUFÜGEN suchen Sie Ihren Stellvertreter und geben diesem die Stufe BEARBEITER,
allerdings deaktivieren Sie die Löschrechte
links unten. Mit OK bestätigen

Den schnellsten Zugriff auf das Stellvertreter-Postfach erhalten Sie über den Navigations-bereich in Outlook, wo Sie auch Ihr eigenes Postfach sehen!

 Legen Sie sich das Postfach des zu vertretenden Kollegen doch in Ihrem Navigati-onsbereich ab. Dann können Sie schnell zwischen den Postfächern wechseln.

Um das Stellvertreterpostfach anzuzeigen, müssen Sie noch ein weiteres Recht vergeben auf das eigene Postfach einrichten:

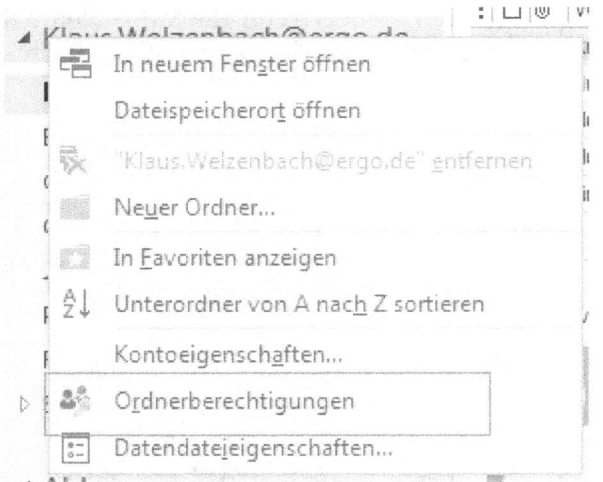

Klicken Sie Ihr POSTFACH mit der rechten Maustaste an und wählen den Menüpunkt ORDNERBERECHTIGUNGEN aus.

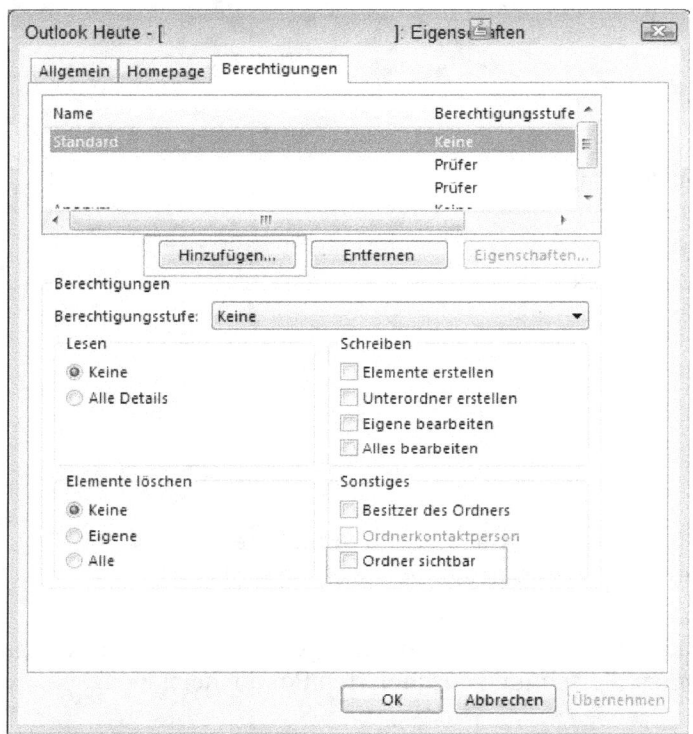

In diesem Dialog klicken Sie auf HINZUFÜGEN und wählen den/die KollegIn aus, dem Sie Zugriffsrecht erteilen möchten.

Als Berechtigung vergeben Sie lediglich die Option ORDNER SICHTBAR.

Hat Ihr/Ihre KollegIn das gleiche Recht für Sie eingeräumt, dann können Sie jetzt das Postfach in Ihren Navigationsbereich aufnehmen: Klicken Sie im Register DATEI auf KONTOEINSTELLUNGEN. Im folgenden Dialog klicken Sie auf Ihr Postfach und dann auf die Schaltfläche ÄNDERN, es öffnet sich die Exchange-Einstellungen (geht also nur in Exchange-Umgebungen) und dort klicken Sie auf das Register ERWEITERT und dort auf HINZUFÜGEN. Suchen Sie den/die KollegIn, fügen ihn/sie hinzu und schließen Sie alle Dialoge mit OK.

## 8.8 Der perfekte Tag mit Outlook

| Wann? | Was? | Warum? |
| --- | --- | --- |
| **Arbeitsbeginn** | Outlook starten (oder im Autostart) mit der Tagesansicht im Kalender und aktivierter Aufgabenleiste | Überblick über den Tag |

| | | |
|---|---|---|
| **In den ersten 2 Stunden, Dauer max. 10 min\*** | Erster Mail-Leseblock; Leeren des Posteingangs; evtl. Lesen/Löschen v. Newsletter | Evtl. den Tag nochmal umpriorisieren |
| **Nach 4 Stunden, Dauer 20 min\*** | Zweiter Mail-Leseblock; Erneutes Leeren des Posteinganges | Sägezahneffekt vermeiden |
| **Eine Stunde vor Feierabend, Dauer 20 min\*** | Dritter Mail-Leseblock; Letztes Leeren des Posteinganges; Nächsten Tag planen | Überblick behalten, Tag abschließen und auf nächsten Tag einstellen |
| **Feierabend** | Sich am leeren Posteingang freuen; sich loben, alles im Griff im haben! u.U. Diensthandy auf lautlos schalten | Dem Unterbewusstsein zeigen, dass ich alles im Griff habe und jetzt "abschalten" kann |

\* Die Zeitangaben können nur Richtlinien sein und beinhalten auch die Aufgaben, die innerhalb von 3 min zu erledigen sind. Das reine Leeren des Posteinganges darf nicht mehr als 10 min täglich dauern.

## Was war mir wichtig?
## Was setze ich in den nächsten 72 Stunden konkret um?

_____

_____

_____

_____

_____

_____

_____

_____

_____

_____

---

_____

_____

_____

_____

_____

_____

# 9 Erfolgreiche Menschen...

Dieses Kapitel ist ursprünglich bei der Huffington Post USA erschienen und wurde von Julia Keinert aus dem Englischen übersetzt.

## 9.1 ...lassen nicht zu, dass jemand anders ihre Freude trübt

Hängt das von Ihnen empfundene Maß an Freude und Zufriedenheit davon ab, wie Sie im Vergleich zu anderen abschneiden, sind Sie nicht länger Ihres Glückes Schmied. Wenn sich emotional intelligente Menschen über ihre Leistung freuen, lassen sie sich diese Freude nicht durch die Meinungen oder Leistungen anderer Menschen trüben.

Es ist so gut wie unmöglich, zu ignorieren, was andere von einem denken. Dennoch sollten Sie sich nicht mit anderen vergleichen oder deren Meinung vorbehaltlos akzeptieren. Auf diese Weise entsteht Ihr Selbstwertgefühl aus Ihnen selbst heraus und hängt nicht von anderen ab. Denn was auch immer andere Menschen zu einem bestimmten Zeitpunkt von Ihnen halten: Sie sind nie so gut oder so schlecht, wie andere denken.

## 9.2 ... vergessen nichts

Emotional intelligente Menschen vergeben schnell, aber sie vergessen nichts. Vergebung bedeutet, das Geschehene hinter sich zu lassen, um nach vorne blicken zu können. Vergebung bedeutet jedoch nicht, jemandem, der einen enttäuscht hat, eine erneute Chance zu geben. Emotional intelligente Menschen sind nicht bereit, sich unnötig von den Fehlern anderer nach unten ziehen zu lassen. Deswegen sagen sie sich schnell von solchen Menschen los und setzen alles daran, sich vor künftigem Schaden zu schützen.

## 9.3 ... führen keine Kämpfe auf Leben und Tod

Emotional intelligente Menschen wissen, wie wichtig das Überleben ist, um an einem anderen Tag weiterkämpfen zu können. Unkontrollierte Gefühle verleiten in einem Konflikt schnell dazu, einen Kampf zu führen, der tiefe Wunden hinterlässt. Indem Sie Ihre Gefühle genau ergründen und darauf reagieren, können Sie entscheiden, welche Kämpfe Sie austragen und wann Sie unnachgiebig sein sollten.

## 9.4 ... setzen Perfektion nicht an erste Stelle

Emotional intelligente Menschen streben keine Perfektion an, weil sie wissen, dass Perfektion eine Illusion ist. Menschen sind naturgemäß nicht unfehlbar. Wer sich Perfektion zum Ziel setzt, wird zwangsläufig von einem Gefühl des Versagens heimgesucht. Und ärgert sich letzten Endes nur darüber, was er nicht geschafft hat oder hätte besser machen können, anstatt sich über das Erreichte zu freuen.

## 9.5 ... leben nicht in der Vergangenheit

Misserfolge nagen meist am Selbstbewusstsein und können den Glauben an ein künftig besseres Ergebnis erschweren. In den meisten Fällen resultieren Misserfolge daraus, dass jemand Risiken eingeht und etwas Schwieriges zu erreichen versucht. Emotional intelligente Menschen wissen, dass der Schlüssel zum Erfolg darin besteht, sich angesichts eines

Misserfolgs nicht unterkriegen zu lassen. Und dies ist nur möglich, wenn man nicht in der Vergangenheit lebt. Alles Erstrebenswerte erfordert Risiken. Lassen Sie sich daher von Fehlschlägen nicht daran hindern, an Ihren Erfolg zu glauben. Genau dies passiert jedoch, wenn Sie in der Vergangenheit leben. In diesem Fall wird nämlich die Vergangenheit zur Gegenwart und hindert Sie daran, den Blick nach vorn zu richten.

## 9.6   ... grübeln nicht über Probleme

Der Fokus der Aufmerksamkeit eines Menschen bestimmt seinen emotionalen Zustand. Wenn Sie sich auf Ihre Probleme fixieren, erzeugen und bestärken Sie negative Gefühle und Stress, was Ihre Leistungsfähigkeit einschränkt. Konzentrieren Sie sich hingegen darauf, wie Sie sich und Ihre Umstände verbessern können, schaffen Sie ein Gefühl persönlicher Wirkungskraft, das positive Gefühle hervorruft und Ihre Leistung erhöht. Emotional intelligente Menschen grübeln nicht, weil sie wissen, dass es viel effektiver ist, über Lösungen nachzudenken.

## 9.7   ... umgeben sich nicht mit negativen Menschen

Halten Sie sich fern von Menschen, die sich ständig beklagen. Denn diese versinken lieber in Selbstmitleid, anstatt sich auf Lösungen zu konzentrieren. Außerdem animieren sie andere dazu, es ihnen gleichzutun, weil sie sich dadurch besser fühlen. Oft fühlt man sich genötigt, solche Tiraden anzuhören, um nicht als gefühllos oder unhöflich zu gelten. Es gibt jedoch einen kleinen, aber feinen Unterschied zwischen geduldigem Zuhören und sich in einen Sog negativer Emotionen hineinziehen zu lassen. Sie können dies vermeiden, indem Sie Grenzen setzen und sich bei Bedarf distanzieren. Anders betrachtet: Würden Sie als Nichtraucher stundenlang neben einem Raucher sitzen und dessen Qualm einatmen? Eben! Sie würden Abstand halten - und genau dasselbe sollten Sie mit Menschen tun, die sich immerzu nur beklagen. Sie könnten zum Beispiel gut dadurch Grenzen ziehen, dass Sie den Betreffenden fragen, wie er sein Problem zu lösen gedenkt. Er wird daraufhin entweder verstummen oder das Gespräch in eine produktivere Richtung lenken. Fragen Sie den Menschen: „und was ist jetzt das Positive daran?"

## 9.8   ... hegen keinen Groll

Die aus einem alten Groll herrührenden Gefühle sind im Grunde genommen eine Stressreaktion. Der schiere Gedanke an das entsprechende Ereignis versetzt den Körper in den Alarmzustand. Dieser Zustand sichert das Überleben, wenn man sich einer akuten Gefahr gegenübersieht. Liegt ein solches Ereignis jedoch in der Vergangenheit und wird die Stressreaktion aufrechterhalten, hat dies fatale Folgen für den Körper und führt im Laufe der Zeit zu erheblichen gesundheitlichen Konsequenzen. Forscher der Emory University haben gezeigt, dass beibehaltener Stress zu hohem Blutdruck und Herzerkrankungen beiträgt. Einen Groll zu hegen bedeutet Dauerstress - und emotional intelligente Menschen wissen, wie sie dies unter allen Umständen vermeiden. Wenn Sie lernen, loszulassen, fühlen Sie sich nicht nur unmittelbar besser, sondern tun obendrein noch etwas für Ihre Gesundheit.

## 9.9   ... sagen nur dann „Ja", wenn sie es auch meinen

Forschungsarbeiten an der University of California in San Francisco belegen, dass Menschen, denen es schwerfällt, „Nein" zu sagen, eher zu Stress, Burnout-Syndrom und sogar Depressionen neigen. Viele Menschen finden es unheimlich schwierig, anderen etwas

abzuschlagen. „Nein" ist ein starkes Wort, vor dem Sie nicht zurückschrecken sollten. Wenn emotional intelligente Menschen etwas ablehnen, vermeiden sie Sätze wie „Ich glaube nicht, dass ich das kann" oder „Ich bin mir nicht sicher". Eine neue Verpflichtung abzulehnen bedeutet, dass man vorhandene Verpflichtungen ernst nimmt und die Gelegenheit erhält, ihnen erfolgreich nachzukommen.

# 10 Umsetzungsfahrplan

Sie haben sicherlich viel Neues über eine effiziente Arbeitsweise mit Outlook gelernt. Wie setzen Sie dies jetzt nachhaltig im Tagesgeschäft um, damit es nicht nur beim sogenannten „Happyness"-Effekt bleibt?

| Was? | Wann? |
|---|---|
| Notieren Sie sich täglich vor dem Schlafen gehen ein positives Erlebnis des heutigen Tages | sofort |
| Deaktivieren Sie in den Optionen von Outlook die Erinnerungen an neue Nachrichten und Termine | sofort |
| Wählen Sie in den Optionen den Kalender als Startordner für Outlook | sofort |
| Aktivieren Sie "Gelöschte Elemente leeren" in den Optionen | sofort |
| Erstellen Sie Regeln für Ihren Posteingang | 5 Regeln sofort, weitere laufend |
| Richten Sie die Zugriffsrechte für Ihre(n) Stellvertreter ein | 2 Tage nach dem Training |
| Legen das Postfach vom Stellvertreter in Ihrem Ordnerbereich ein | Sofort nach dem Training |
| Optimieren Sie Ihre Ordnerstruktur im Postfach (weniger Ordner!) | Kurz nach dem Training |
| Setzen Sie den Workflow ein, wandeln Mails in Aufgaben und Termine um; Je nach Mailanzahl im Posteingang stecken Sie sich klare Ziele: Bei wenigen Mails im Eingang am Ende des Arbeitstages, bei sehr vielen reduzieren Sie die Mailmenge täglich/wöchentlich um eine bestimmte Anzahl von Mails. | Je nach Mailanzahl im PE sofort oder über mehrere Wochen verteilt |
| Sprechen Sie in der OrgEinheit über die gemeinsame Mail-Ablage (Einsatz von öffentlichen Ordnern und/oder SharePoint) | Im nächsten Jour Fixe |

# 11 Vorlagen

## 11.1 Zeitprotokoll

| Tätigkeit | Minutenzahl |
|---|---|
| Weg zur Arbeit (Hin- und Rückweg) | |
| Haushaltstätigkeiten (inkl. Einkäufe) | |
| Sonstige Besorgungen | |
| Frühstück | |
| Abendessen | |
| Morgen- und Abendtoilette | |
| Entspannung (Musik, Lesen, Fernsehen) | |
| Hobbies | |
| Familienleben | |
| Tägliche Arbeitszeit | |
| Schlafen | |
| Unvorhergesehenes | 60 |

## 11.2 Arbeitsstil-Analyse

| Diese Aussage... | Trifft zu | Nicht zu |
|---|---|---|
| Ich werde mit meiner Arbeit kaum fertig. | | |
| Mein Schreibtisch ist sehr voll. | | |
| Es gibt Aufgaben, die ich vor mir herschiebe. | | |
| Manche Tätigkeit hat sich im Nachhinein als überflüssig erwiesen. | | |
| Ich werde durch unangemeldete Kunden gestört. | | |
| Das Tagesgeschäft laugt mich förmlich aus. | | |
| Ich finde selten Zeit für die Akquisition von Neukunden. | | |
| Ich frage mich manchmal, wo die Zeit hingekommen ist. | | |
| Auch in der Freizeit gehen mir Arbeitsprobleme durch den Kopf. | | |
| Abschalten fällt mir schwer. | | |
| Ich habe einen Berg unerledigter Arbeiten vor mir. | | |
| Es kommt vor, dass ich Arbeit mit nach Hause nehme. | | |
| Was ich sofort erledigen kann, erledige ich sofort. | | |
| Mein Tag ist randvoll. Ich komme oft nicht einmal zum Mittagessen | | |
| Mein Tag würde ausreichen, wenn ich nicht so oft gestört würde. | | |
| Kollegen erkundigen sich bei mir, wie sie dieses und jenes tun sollen. | | |
| Alles muss ich selbst machen! | | |
| Am Ende eines Tages frage ich mich schon mal, was ich eigentlich getan und erreicht habe. | | |
| Unsere Besprechungen sind nicht besonders effektiv. | | |
| Ich habe viele Aufgaben gleichzeitig zu erledigen. | | |
| Ohne Überstunden ist meine Arbeit nicht zu bewältigen. | | |
| Ich werde oft durch Telefonanrufe in einer Tätigkeit unterbrochen. | | |
| Ich muss auf viele Menschen Rücksicht nehmen (Kunden, Kollegen, Führungskräfte) | | |
| Ich kann mit Konflikten und Spannungen nicht positiv umgehen und sie lösen. | | |
| Im Beruf bin ich ganz anders als im privaten Bereich. | | |
| Ich stelle mich ungern auf neue Produkte und organisatorische Veränderungen ein. | | |
| Es fällt mir schwer, mich über einen längeren Zeitraum hinweg zu konzentrieren. | | |
| Was ich mache, das mache ich genau. | | |

# 12 Index